A. Herzen

Altes und Neues über Pepsinbildung, Magenverdauung und

Krankenkost

A. Herzen

Altes und Neues über Pepsinbildung, Magenverdauung und Krankenkost

ISBN/EAN: 9783743456938

Hergestellt in Europa, USA, Kanada, Australien, Japan

Cover: Foto ©berggeist007 / pixelio.de

Manufactured and distributed by brebook publishing software
(www.brebook.com)

A. Herzen

Altes und Neues über Pepsinbildung, Magenverdauung und Krankenkost

Altes und Neues

über

Pepsinbildung, Magenverdauung und Krankenkost

gestützt auf eigene Beobachtungen an einem gastrotomierten Manne.

Von

A. Herzen

Professor der Physiologie in Lausanne.

— ❋

Stuttgart.

E. Schweizerbart'sche Verlagshandlung (E. Koch).

1885.

Herrn Dr. NEUHAUS in Rom

als Zeichen tiefster Dankbarkeit

gewidmet von

A. Herzen.

Erster Teil: **Das Alte.**

I.

In früherer Zeit glaubte man, daß die Einwirkung des Magens auf die Speisen nur ein mechanischer Vorgang sei, und zwar sollte die Verdauung nur in einer einfachen Zerreibung und Zerteilung der Nahrungsmittel bestehen. Erst durch die Beobachtungen SPALLANZANI's, RÉAUMUR's, BRACONNOT's, TIEDEMANN's und GMELLIN's wurde festgestellt, daß es sich um einen rein chemischen Prozeß handle, der durch die Einwirkung des Magensaftes auf die Speisen zustande kommt. Heute wissen wir, daß nur die Albuminate im Magen eine Veränderung erleiden, sie werden zu Peptonen, welche weder durch Kochen, noch durch Neutralisieren gerinnen.

Die ersten Beobachter konnten sich keinen reinen Magensaft verschaffen, da sie nicht die vervollkommneten Methoden kannten, welche wir EBERLE, BASSOW und BLONDLOT verdanken. Um Magensaft zu erhalten, brachte man die Tiere zum Erbrechen oder man ließ sie an Fäden befestigte kleine Schwämme verschlucken, welche nach einiger Zeit wieder vermittelst des Fadens aus dem Magen herausbefördert und ausgepreßt wurden. Da nun die Schwämme während ihres Aufenthalts im Innern des Magens Saft imbibierten, so erhielt man durch das nachherige Auspressen eine Flüssigkeit, die allerdings Magensaft enthielt, doch sie enthielt auch Speichel in wechselnder Menge, ebenso Nahrungsmittel, welche teils aufgelöst, teils verändert waren. Immerhin konnten schon jene ersten Beobachter feststellen, daß der Mageninhalt fast immer sauer reagierte und daß hierin eine wesentliche Bedingung für die Wirksamkeit des Magensaftes bestehe; denn wurde der saure Mageninhalt mit unveränderten Speiseteilen einer Temperatur ausgesetzt, welche der des lebenden Organismus sich näherte, so wurden die Speiseteile aufgelöst;

1

war aber der hinzugesetzte Magensaft nicht von saurer Reaktion, so trat
Fäulnis ein. Doch die Zeit sowohl, innerhalb welcher die Auflösung sich
vollzog, als auch die Menge des Aufgelösten waren sehr inkonstant, ja
bisweilen konnte trotz der vorhandenen sauren Reaktion des Saftes ein
bestimmtes Resultat nicht erzielt werden. Es mußte mithin außer der
Säure noch ein zweiter bestimmender Faktor vorhanden sein. SCHWANN
gelang es, dieses Rätsel zu lösen; er entdeckte das Pepsin, welches
das verdauende Magenferment bildet. Beide Agentien, sowohl die Säure
als auch das Pepsin waren offenbar in dem erbrochenen oder durch die
Schwämme heraufbeförderten Mageninhalt in wechselnder Menge vorhanden; kurz es ergab sich aus diesen ersten Beobachtungen, daß die
Magenverdauung durch das Zusammenwirken zweier Agentien zustande
kommt, der Säure und des Pepsins, und daß die Abwesenheit eines jener
beiden Agentien die Unwirksamkeit des anderen bedingt. Ich kann unmöglich in die chemischen Details der Magenverdauung eingehen und
will daher nur kurz die folgenden Punkte berühren:

1) Das Pepsin ist ein Körper, welchen man bis jetzt noch nicht
zu isolieren vermochte, man hat daher von seiner wirklichen Beschaffenheit noch keine Kenntnis; allgemein wird jedoch angenommen, daß
es ein stickstoffhaltiger Körper ist, trotzdem die Untersuchungen von
BRUECKE mit dieser Annahme wenig vereinbar sind.

2) Die in dem Magensaft wirksame Säure soll Salzsäure sein;
SCHIFF hat außerdem nachgewiesen, daß abgesehen von jener an das
Pepsin gebundenen Säure, ohne welche das Ferment unwirksam ist, im
Magensafte auch noch freie Säure vorhanden sein muß, welche die Albu-
minate modifiziert und so für die Einwirkung des Salzsäure-Pepsins zu-
gänglich macht.

3) Der Eiweißkörper unterliegt zuerst der Einwirkung der Säure,
er gerinnt nicht mehr beim Kochen, wohl aber noch durch Neutralisation; darauf wird er auch von dem Pepsin verändert, er wird unter
der Einwirkung dieses Ferments zu Pepton, welches weder durch
Kochen noch durch Neutralisation zum Gerinnen gebracht
werden kann.

Auf die ersten unvollkommenen Versuche folgten die epochemachen-
den Beobachtungen W. BEAUMONT's; dieser beobachtete einen Mann, welcher
durch eine Kugel in der Magengegend verwundet worden war und von
dieser Verwundung eine Magenfistel zurückbehalten hatte, so daß
sein Magen von der Bauchwand aus übersehen werden konnte. Da aber
unglücklicherweise zu jener Zeit die physiologische Chemie noch wenig
vorgeschritten war, so konnten die Beobachtungen BEAUMONT's keinen
genauen Aufschluß über die Entstehungsweise des Pepsins liefern; er beschränkte sich auf das Studium der für die Verdauung der verschiedenen
Nahrungsmittel erforderlichen Zeiten und stellte deren Inkonstanz fest.
Dabei machte er auch die Beobachtung, daß dieselbe Quantität eines
Nahrungsmittels viel langsamer sich auflöste, wenn der einwirkende
Magensaft in eine Flasche gesammelt und der Brütwärme ausgesetzt
wurde, als wenn er im Magen selbst seine Wirksamkeit entfaltete; der
Magensaft erwies sich mehr oder weniger wirksam, doch es gelang

Beaumont nicht, die Bedingungen ausfindig zu machen, von denen diese wechselnde Stärke seiner Digestionsfähigkeit abhängig ist.

Der wesentlichste Nutzen, den dieser ebenso interessante, wie seltene, von Beaumont beobachtete Fall der Wissenschaft brachte, bestand darin, daß seit dieser Beobachtung die Forscher bei Versuchstieren Magenfisteln anzulegen begannen und somit eine jener beiden fundamentalen Methoden ausbildeten, denen wir alle unsere Kenntnisse, welche in den letzten vier oder fünf Jahrzehnten über die Verdauung gewonnen wurden, verdanken. Die ersten Versuche wurden von dem Russen Bassow und von dem Franzosen Blondlot ausgeführt, sie veröffentlichten fast gleichzeitig ihre Untersuchungen im Jahre 1842—43.

Doch schon seit dem Jahre 1834 hatte der Schweizer Eberle den Versuch gemacht, durch Macerieren im Wasser aus einigen Organen die wirksamen Prinzipien zu extrahieren, er hatte auch mit dem Magen in in dieser Weise Versuche angestellt und machte hierbei die Beobachtung, daß das Infus des toten Magens niemals sauer reagierte wie der vom lebenden Magen gelieferte Saft und vollständig wirkungslos blieb. Da es nun schon bekannt war, daß die Wirksamkeit des Pepsins an die Anwesenheit einer kleinen Menge Säure gebunden sei, so setzte auch Eberle seinen Mageninfusen Säure zu, und es glückte ihm, den Verdauungsprozeß hierdurch vollständig in Gang zu bringen. Aus dieser Beobachtung, daß die tote Magenschleimhaut an das Wasser Pepsin, aber keine Säure abgibt, ergibt sich, daß das Pepsin in den Magendrüsen gebildet und abgelagert wird, daß dagegen die Säure in ihnen nicht aufgespeichert wird. Möglicherweise wird sie in dem Maße, als sie gebildet wird, ausgeschieden, oder sie hat einen andern Ursprung[1].

Diese ersten Versuche Eberle's waren die Anfänge der zweiten fundamentalen Methode, welche in gleich hohem Maße wie die erste bereits erwähnte die Entwickelung der Lehre von der Chemie und Physiologie der Verdauung gefördert hat.

Jede dieser beiden Methoden hat ihre Nachteile und Vorteile und keine von ihnen kann uns alle Angaben liefern, welche zur Erlangung einer richtigen und vollständigen Vorstellung von dem Wesen der Verdauung erforderlich sind; es ist vielmehr unumgänglich notwendig, die durch die eine gewonnenen Resultate durch die der andern zu ergänzen.

Die durch die Anlegung einer Magenfistel ermöglichte Beobachtung gibt uns über den Verlauf der natürlichen Verdauung im lebenden Magen Aufschluß, es ist uns hierdurch möglich, von Zeit zu Zeit die Gewichts- oder Volumenverminderung einer im Innern des Magens befindlichen Menge von in Stücke von bestimmter Größe zerteilten Nahrungsmitteln zu konstatieren, es ist aber sehr schwer, darüber Gewißheit zu erlangen, ob der verschwundene Teil in Wirklichkeit verdaut oder bloß aufgelöst oder gar nur zerteilt und in den Darm befördert worden

---

[1] Nach den klassischen Untersuchungen Heidenhain's über die Struktur der Magendrüsen scheinen diese letzteren zwei Arten von Zellen zu enthalten, die „Belegzellen", welche die Säure, und die „Hauptzellen", welche das Pepsin bilden sollen; wir werden jedoch in der Folge sehen, daß der von den Hauptzellen gebildete Körper nicht Pepsin selbst ist, sondern erst zu Pepsin wird.

ist. Wenn man diese Beobachtungen sehr oft anstellt, dann bemerkt man, daß die in Frage kommende Verminderung bald schnell und in ausgedehntem Maße, bald langsam und kaum merklich, ja selbst unmerklich ist während eines gewissen Zeitraums. Die Schnelligkeit, mit welcher diese Verminderung vor sich geht, ist ohne Zweifel geeignet, als ungefährer, wenn auch nicht als absoluter Maßstab zu dienen, um die Größe der Digestionsfähigkeit des vom Magen während der Beobachtung secernierten Saftes zu bestimmen. Wir können auf diese Weise einige der Bedingungen feststellen, von denen die Sekretion des Magensaftes oder deren Sistierung abhängt, oder die einen Grund dafür abgeben, warum in dem einen Falle nur ein mäßig wirksamer Saft, in dem andern ein sehr wirksamer, im dritten Falle endlich ein völlig unwirksamer Saft vom Magen secerniert wird, — je nachdem z. B. das Tier gesund oder krank, hungrig oder satt ist u. s. w., ändern sich die Verhältnisse. — Wiederum aber ist es uns unmöglich, ausfindig zu machen, warum das Ferment in einem gegebenen Falle im Magensaft nicht vorhanden ist, ob dieses seinen Grund darin hat, daß der in der Schleimhaut vorhandene Vorrat an Ferment aufgebraucht worden ist, oder darin, daß nur dessen Ausscheidung eine Unterbrechung erlitten hat. Diese Fragen lassen sich nur durch die Methode der Infuse zur Entscheidung bringen; denn . wenn wir das Tier töten und den Magen sogleich zur Untersuchung herausnehmen, so erhalten wir das Organ so, wie es im Moment des Erlöschens der Thätigkeit beschaffen war, und wir können somit durch das Mageninfus Aufschluß darüber erhalten, ob wenig, viel oder gar kein Ferment in den Magendrüsen vorhanden war; wir können auch vermittelst dieser Methode die relative Digestionsfähigkeit zweier oder mehrerer Magen vergleichen, welche von Tieren herstammen, die während des Lebens künstlich hergestellten, voneinander verschiedenen Experimentalbedingungen unterworfen waren. Diese Methode eignet sich auch allein zum Studium der Chemie der Verdauung, durch sie ist es uns allein möglich, die successive auftretenden Veränderungen festzustellen, welche die Eiweißkörper erleiden, die Übergangsformen ausfindig zu machen, welche dieselben durchmachen, bevor sie definitiv die Natur der Peptone annehmen[1].

SCHIFF war es, welcher soviel als möglich beide Methoden kombinierte, sie bei einer sehr großen Anzahl von Tieren anwendete, die

[1] Für alle diese Versuche verwendet man vorzugsweise Eialbumen, welches durch Kochen zur Gerinnung gebracht und in kleine Würfel zerschnitten worden ist. Dasselbe hat große Vorzüge: sein opakes Weiß macht es leicht in den verschiedensten Mischungen erkennbar, es ist unlöslich in Wasser, Speichel und im pepsinfreien Magensaft, nur äußerst wenig und langsam löslich in sehr verdünnten Säuren, endlich kann man schon durch die Art der Wirkung der physiologischen, peptonisierenden Agentien an dem Eialbumen erkennen, ob das vorhandene Ferment das des Magens oder das des Pankreas (Trypsin) ist. Handelt es sich darum, den Gang der Auflösung im Innern des lebenden Magens zu beobachten, dann bringt man Eiweißwürfel in Tüllsäckchen oder in kleine Seidennetze, welche man zu jeder Zeit wieder aus dem Magen herausziehen kann, um den Inhalt zu untersuchen. Allerdings ist die Verdauung dieser Stückchen ein wenig verlangsamt, aber im allgemeinen ist die Differenz zwischen ihnen und den frei im Magen liegenden kaum merklich.

Versuchstiere selbst unter experimentell hergestellten, voneinander abweichenden Bedingungen lange Zeit beobachtete und infolgedessen im stande war, einige der wichtigsten Probleme zu lösen; ihm gelang es, ausfindig zu machen, warum und wann der lebende Magen einen an Pepsin reichen oder armen oder von jenem Ferment freien Saft secerniert, unter welchen Umständen das Pepsin wieder im Magensaft erscheint, aus welchen Gründen der tote Magen bald ein Minimum, bald ein Maximum von verfügbarem Pepsin enthält.

Da ich so glücklich war, als Assistent an einem großen Teil der Untersuchungen Schiff's über diesen Gegenstand teil zu nehmen, so bin ich in der Lage, genau und sicher über jene Erscheinungen zu berichten, welche ich hundertmal selbst gesehen und beobachtet habe.

II.

Machen wir die Annahme, wir hätten mehrere Hunde mit großen Magenfisteln, welche, schon längst wiederhergestellt von den Folgen des operativen Eingriffs, vollständig gesund sind, sich eines guten Appetites und einer vorzüglichen Verdauung erfreuen. Wenn wir die Verdauung gemischter und verschiedener Mahlzeiten bei ihnen regelmäßig beobachten, so kommen wir zu folgendem allgemeinem Resultat: Die Einführung der Nahrungsmittel erzeugt eine Kongestion (Blutzufluß) der Magenschleimhaut und eine reichliche Absonderung von Magensaft. Der Verdauungsprozeß beginnt sogleich, die Intensität desselben wächst während mehrerer Stunden; dann nimmt sie ab. Bis hierher ist der Vorgang ungefähr derselbe in den verschiedenen Fällen, aber das Endresultat ist nicht dasselbe; denn zwei Möglichkeiten sind vorhanden:

1) Entweder leert sich der Magen nach einer mehr oder weniger schnellen Verdauung gänzlich; sein Inhalt ist zweifellos teilweise absorbiert, teilweise durch seine Bewegungen in das Duodenum befördert worden.

2) Oder der Verdauungsprozeß kommt zum Stillstand, nachdem er seine normalen Perioden der Zunahme und Abnahme durchlaufen hat, der Magen enthält infolgedessen noch mehr oder weniger beträchtliche Mengen von Speisen und die nicht verdauten Überreste bilden in diesem, übrigens seltenen Falle eine kompakte und verhältnismäßig wenig durchtränkte Masse, welche bisweilen während mehrerer Stunden unverändert bleibt.

Um die Bedeutung dieser Vorgänge zu verstehen, muß ein ergänzender Versuch gemacht werden. Wenn der Magen sich geleert hat oder der Verdauungsprozeß zum Stillstand gekommen ist, müssen durch die Magenfistel Eiweißwürfel eingeführt werden. Ist dieses geschehen, nachdem der Magen sich ganz entleert hat, dann sieht man in der Mehrzahl der Fälle, daß die Oberfläche der Stücke bald beginnt sich aufzulockern, ihre Ecken und Kanten sich abzustumpfen und sich zu runden, das Volumen sich zu vermindern; kurz die Verdauung der Stücke beginnt sogleich und macht schnelle Fortschritte. Bisweilen jedoch, wenn auch nicht oft, bleiben die Eiweißwürfel lange

Zeit, selbst während m e h r e r e r S t u n d e n ohne jede Veränderung. Im
allgemeinen ist also der Magen nach einer beendeten Verdauung, wenn
er sich ganz entleert hat, im stande, den Verdauungsprozeß fortzusetzen (A), doch in einigen Fällen vermag er n i c h t, einen neuen Verdauungsprozeß sofort wieder einzuleiten (B). Endlich in jenen wenigen
Fällen, in welchen der Magen sich n i c h t ganz entleert, und die Verdauung dennoch, und trotz der Gegenwart der Speisereste, stockt, wird
das eingeführte Eiweiß n i e m a l s sofort verdaut, sondern bleibt während
mehrerer Stunden ohne sichtliche Veränderung im Magen liegen (C). In
diesen Fällen kann offenbar der Verdauungsprozeß nicht s o f o r t wieder ein-
geleitet werden. Ich habe das Wort »s o f o r t« unterstrichen, denn
wartet man eine genügende Zeit, dann sieht man den Verdauungsprozeß
wieder allmählich in Gang kommen; mit Hilfe der Methode der Infuse
konnte man auch feststellen, daß der Magen eines Tieres, welches durch
langes Fasten in das Stadium der Inanition gekommen ist, reichlich
Pepsin enthält; es ist dieses ein Umstand, auf den ich am passenden
Ort wieder zurückkommen werde.

Der erste und als häufigster geschilderte Verdauungsvorgang läßt
somit zwei Möglichkeiten zu, welche anscheinend nicht verschieden, im
Grunde doch sehr voneinander abweichen, A und B; der zweite, wenig
häufige Verdauungsvorgang läßt nur eine Möglichkeit C zu; doch wenn
man diese genauer überdenkt, so findet man, daß C der mit B bezeich-
neten Möglichkeit vollständig gleicht. In beiden Fällen, B und C, ist
das Nichtverdautwerden des Albumens ein Beweis dafür, daß der Magen
keinen wirksamen, pepsinhaltigen Magensaft mehr zu liefern vermag,
während dies in dem Falle A stattfindet. Es sind daher nur zwei
Fälle vorhanden, A und B (= C), die sich dadurch unterscheiden, daß
in dem ersteren der Magen noch Pepsin secernieren kann, während in dem
letzteren dieses nicht mehr der Fall zu sein scheint; der Magen scheint
seinen ganzen Vorrat e r s c h ö pft zu haben und einer gewissen Ruhe-
zeit zu bedürfen, bevor er wiederum Pepsin zu liefern vermag. Worin liegt
nun der Grund dieser Verschiedenheit? Sehen wir nach, ob uns das
Versuchsjournal hierüber Aufschluß geben kann. Jedesmal wenn unsere
Hunde eine m ä ß i g e Menge l e i c h t verdaulicher Nahrungsmittel bekamen,
z. B. eine Brot- oder Fleischsuppe, Milch oder rohes Fleisch, trat der
Fall A ein, oft dagegen, wenn unsere Hunde g i e r i g e i n e s e h r r e i c h-
l i c h e M a h l z e i t v e r s c h l a n g e n, welche viele unverdauliche Stücke
enthielt, wie Sehnen, Bänder, Knorpel, trat jener Fall B oder C ein.
Wir können uns in dem letzten Falle den Versuch mit kubischen Albumenstückchen ersparen, denn die Natur selbst hat ihn für uns angestellt
durch jene ungelöst zurückgebliebenen Nahrungsmittel. Unser Versuch hat ja in Wirklichkeit keinen andern Zweck als den, die Verdauungsfähigkeit des Magens durch ein in Wasser, Speichel und pepsin-
freiem Magensaft u n l ö s l i c h e s Nahrungsmittel zu erproben. Besser
ist es freilich, den Magen durch die Fistel zu entleeren, ihn aus-
zuspülen und die unverdaulichen oder unverdauten Speisereste durch
Eiweißwürfel zu ersetzen. Aus allem diesem ergibt sich als sicheres
Resultat mithin folgendes: D i e V e r d a u u n g e i n e r ü b e r r e i c h-

lichen Mahlzeit erschöpft die Verdauungsfähigkeit des
Magens und macht ihn wenigstens während mehrerer Stunden unfähig, von neuem pepsinhaltigen Magensaft zu
liefern.

Infolge dieses Ergebnisses hat die experimentelle Methode einen
bedeutenden Fortschritt gemacht, denn wir haben für alle ferneren
Beobachtungen über die die Produktion des Pepsins begünstigenden Umstände einen sicheren und bestimmten Ausgangspunkt gewonnen; man
braucht zu diesem Zwecke nur dem Tiere eine überreiche Mahlzeit vor-
zusetzen, durch welche sein disponibles Pepsin aufgebraucht wird, und
muß die Beobachtung erst dann beginnen, wenn man sicher ist, wirklich
dieses Resultat erlangt zu haben. Da es aber nicht ganz leicht ist, diesen
Zustand auf die angegebene Weise herbeizuführen, so ist es gewiß von
Nutzen zu wissen, daß man sicher dieses Ziel erreicht, wenn man die
Tiere vorher 24 bis 36 Stunden fasten läßt und ihnen darauf ein Lieb-
lingsfutter in beliebiger Quantität, z. B. Pferdefleisch reicht, ohne ihnen
nachher zu trinken zu geben. Ein starker, kräftiger und freßgieriger
Hund kann unter diesen Umständen 2 bis 3 kg Fleisch verzehren.
Darin besteht die »vorbereitende Mahlzeit« Schiff's.

Jetzt können wir weiter gehen. Erzeugen wir durch ein gutes
Vorbereitungsmahl einen temporären Zustand von gänzlichem Pepsin-
mangel, von dessen Beginn an wir die für die Wiederherstellung der
Verdauung und somit für die Produktion von neuem Pepsin günstigen
Bedingungen studieren wollen. Vergewissern wir uns ferner, daß der
Magen vollständig leer ist. Bringen wir jetzt Albumen in denselben,
dann wird dasselbe nicht verdaut. Worin haben wir den Grund zu
suchen? Das Fehlen von Flüssigkeit kann die Ursache dieser Er-
scheinung nicht sein; denn geben wir den Tieren zu trinken oder gießen
wir durch die Magenfistel Wasser direkt in den Magen, dann bleibt der
Zustand unverändert, der Verdauungsprozeß kommt nicht in Gang, das
Albumen bleibt intakt. Auch der Mangel an Säure verursacht diesen
Zustand nicht; denn die Reaktion des Mageninhalts ist eine saure.
Wenn wir aber anstatt des Wassers und Albumens den Tieren in diesem Zustande ein frisches Mahl geben würden, so würde es nicht
während mehrerer Stunden — 5 oder 6, bisweilen auch 8 bis 10 —
wie das Albumen oder wie die Überreste der vorausgegangenen Mahlzeit unverändert bleiben, sondern es würde verdaut werden und mit ihm
auch das Albumen; denn es ist doch mehr als wahrscheinlich, daß 12
oder 14 Stunden nach dem ersten Mahle der Magen eines gesunden
Hundes ein zweites muß verdauen können. In Wirklichkeit verhält es
sich denn auch so, wie es vorauszusehen war. Das neue Mahl wird
wie nichts verdaut, und mit ihm verschwindet spurlos das im Säckchen
befindliche Albumen.

Wenn wir nun nach dem Unterschiede forschen, der zwischen den
im Magen befindlichen Überresten des vorausgegangenen Mahles oder
dem geronnenen Albumen und einem frischen Mahle besteht, wenn wir
zu eruieren suchen, warum das frische Mahl die Fähigkeit hat, die auf-
gehobene Verdauung wieder ·in Gang zu bringen, so finden wir den-

selben in folgendem: Mit dem frischen Mahle führen wir in den Magen
ein Gemisch von Nahrungsstoffen ein, von denen einige wenigstens in
Wasser löslich und zum Teil auch in ihm schon gelöst sind; denn
alle gebräuchlichen Nahrungsmittel enthalten in reichlicher Menge derartige Stoffe. Wenn nun die Wirkung des frischen Mahles in der
That von diesem Umstande abhängt, so muß es uns gelingen, denselben Effekt zu erhalten, sobald wir einen Extrakt oder eine wässerige
Abkochung verschiedener Nahrungsstoffe, welche von ihrem unlöslichen
Rückstande befreit wurden, in den Magen einführen, und wir werden
gleichzeitig in Erfahrung bringen, welche Nahrungsstoffe diese merk-
würdige Eigenschaft besitzen, den Verdauungsprozeß wieder in Gang zu
bringen.

Ich will hier das Ergebnis dreier derartiger Versuche mitteilen [1].

Drei Hunde mit ausgiebigen Magenfisteln, vollständig gesund und
von gutem Appetit, erhalten ein reichliches Vorbereitungsmahl. Nach
Beendigung des Verdauungsaktes wurden Tüllsäckchen mit Albumenstückchen in den Magen eingeführt mit oder ohne die angegebenen Substanzen; nach Verlauf von sechs Stunden wird das Albumen untersucht.

Erster Hund: Elf Beobachtungen, in denen nur Albumen eingeführt wurde; zweimal war noch ein Überrest des Fleisches des Vorbereitungsmahles nach 14 Stunden vorhanden; einmal wurde dieser Überrest im Magen zurückgelassen, beim zweitenmale aus ihm entfernt.
Aufgelöstes Albumen innerhalb sechs Stunden (in Kubikzentimetern):
einmal 0,3, dreimal 0,1, siebenmal 0. — Bei zwei Beobachtungen bekommt das Tier Wasser zu trinken; Erfolg: die Menge des aufgelösten
Albumens = 0. — Bei sieben Beobachtungen wird mit dem Albumen
100 g Brot, 200 g Fleisch etc. in den Magen eingeführt. Erfolg:
die Menge des aufgelösten Albumens schwankt von 4,1 bis 6,8.

Zweiter Hund: Bei 13 Beobachtungen wurde nur Albumen eingeführt. Erfolg: die Menge des innerhalb sechs Stunden aufgelösten
Albumens schwankt von 1,4 bis 2,9. — Bei zahlreichen Beobachtungen
wird Albumen mit 20 bis 40 g Dextrin eingeführt. Erfolg: die Menge
des innerhalb sechs Stunden aufgelösten Albumens schwankt von 5,2
bis 6,4.

Dritter Hund :Bei 11 Beobachtungen nur Albumen. Erfolg: aufgelöstes Albumen 0 bis 0,4. — Bei fünf Beobachtungen Albumen mit
Wasser. Erfolg: aufgelöstes Albumen von 0 bis 0,8. — Bei 5 Beobachtungen Albumen, 250 g rohes Fleisch, 150 g Wasser. Aufgelöstes Albumen: 4,8 bis 6,1. — Bei 5 Beobachtungen Albumen,
250 g gekochtes Fleisch mit seiner Bouillon. Aufgelöstes Albumen:
6,4 bis 8. — Bei 2 Beobachtungen Albumen mit gesottenem, gehacktem
und ausgelaugtem Fleisch; aufgelöstes Albumen einmal 0 und das

---

[1] Ich citiere absichtlich diese drei Beispiele, aus dem großen Werke Schiff's,
weil sie einen genauen Einblick in seine Arbeiten gewähren. Ich habe oft ähnliche Versuche mit denselben Resultaten angestellt. Die Zahl der von Schiff
beobachteten Hunde ist sehr beträchtlich. Der zweite Hund ist von besonderer
Wichtigkeit, denn er gehört zu derjenigen Kategorie, bei denen es niemals gelang, das Pepsin vollständig zu erschöpfen.

zweite Mal 0,1. — Zahlreiche Beobachtungen mit Dextrin: Erfolg ähnlich dem mit der Bouillon.

Diese Versuche beweisen zur Evidenz,

1) daß das reine Wasser unwirksam ist; denn die Verdauung beginnt nicht von neuem.

2) Daß vorzügliche Nahrungsmittel, wie gekochtes Fleisch, ebenfalls unwirksam bleiben, wenn man ihnen ihre in Wasser löslichen Substanzen entzogen hat, sie verhalten sich dann eben wie das gekochte Albumen.

3) Daß wir den beabsichtigten Effekt nur erhalten, wenn wir mit dem Albumen den wässerigen Extrakt bestimmter Nahrungsmittel in den Magen einführen (gleichgültig ist es hierbei, ob der unlösliche Rückstand dieser Nahrungsmittel mit eingeführt oder zurückbehalten wird).

4) Diese Versuche beweisen ferner, daß die in kaltem Wasser löslichen und beim Kochen nicht gerinnenden Eiweißkörper des Fleisches sehr wirksam sind — ebenso wie die Peptone.

5) Daß das Dextrin, jene Übergangsform, welche die Stärke durchläuft, bevor sie zu Traubenzucker wird, ebenfalls sehr wirksam ist, während Stärke, Glykose, Rohrzucker unwirksam bleiben.

Diese Ergebnisse regen neue Fragen und neue Versuche an; denn es gilt jetzt zu entscheiden, ob die peptogenen Substanzen durch ihre Anwesenheit im Innern des Magens, durch ihren Kontakt und ihre Mischung, sei es mit den Nahrungsmitteln, sei es mit dem von der Magenschleimhaut secernierten Saft wirksam sind. Diese Annahme bestätigt sich nicht, denn wenn es der Fall wäre, dann würde es schon genügen, in einer Flasche eine Dextrinlösung oder einen Fleischauszug (oder besser noch Pepton) mit dem unwirksamen Magensaft unserer Hunde zu mischen, um diesen letzteren wieder wirksam werden zu sehen. Ein derartiger Versuch bleibt aber immer erfolglos, im Gegenteil: je beträchtlicher die hinzugefügte Menge der Substanz ist, um so mehr ist die Verdauung im Glase behindert und verlangsamt und kann selbst vollständig gehemmt werden. Doch im lebenden Magen ist es sehr schwierig, durch dieselben Substanzen die Verdauung zum Stillstand zu bringen. Dies liegt offenbar daran, daß dieselben dort nicht unbestimmt lange liegen bleiben wie in der Glasflasche, sondern sehr schnell absorbiert werden (ganz abgesehen davon, daß ein Teil in den Darm befördert wird, auf den ich später noch zurückkommen werde). Man könnte glauben, daß die Absorption, durch die Magenschleimhaut dasjenige Moment bilde, welches den Wiedereintritt der Sekretion eines pepsinhaltigen Magensaftes begünstigt; doch eine solche Annahme ist unbegründet; denn wir wissen ja, daß die Absorption von klarem Wasser, von löslicher Stärke oder Glykose ebenso wie die von mehreren anderen Substanzen (z. B. von Alkohol) keine pepsinerzeugende Wirkung hat, mithin kann der Vorgang der Absorption als solcher nicht das wirksame Moment sein, wohl aber die Absorption bestimmter Substanzen, und die Hauptbedingung für den Eintritt des Erfolges scheint das Eindringen dieser peptogenen Substanzen in das zirkulierende Blut zu sein. Wenn dies der Fall ist, dann müssen wir denselben Erfolg auch erzielen, wenn wir die Peptogene auf einem andern Wege als gerade durch den Magen in das Blut überführen. Diese Folgerung wird durch den Versuch vollauf bestätigt; denn ob wir die Peptogene (durch den Mund oder durch die Fistel) in den Magen schaffen oder ob wir sie (mit Hilfe des Klystiers) in das Rectum befördern oder ob wir sie endlich in das subkutane Zellgewebe injizieren, das ist von keiner Bedeutung, in allen Fällen tritt der beabsichtigte Erfolg ein. Allerdings kommt die pepsinogene Wirkung in diesen Fällen langsamer und weniger energisch zum Vorschein, doch dies erklärt sich leicht durch die geringere Menge der wirksamen Substanz, welche man auf diesen Wegen in das Blut überführen kann, und durch die viel kleinere Absorptionsfläche. Hingegen zeigt sich die pepsinogene Wirkung schneller und energischer, wenn man anstatt auf Umwegen die Peptogene durch Injektion in eine Vene unmittelbar in das zirkulierende Blut überführt.

Es ist somit erwiesen, daß die Hauptbedingung für den Wiedereintritt der Sekretion eines wirksamen, pepsinhaltigen Magensaftes bei erschöpftem Magen darin besteht, daß Peptogene in dem zirkulierenden Blute anwesend sind. Mit bezug auf den Eingangsort der Peptogene in das Blut muß ich noch eine wissenschaftlich ebenso interessante, als praktisch wichtige Ausnahme erwähnen — eine Ausnahme, die (was wohl zu beachten ist) unsere Regel bestätigt. Wenn man nämlich eine als wirksam erkannte Dosis von Peptogenen in den Dünndarm einschließlich des Zwölffingerdarms einführt, so bleibt ein sichtbarer Erfolg aus; man kann ihn zwar erzwingen, aber man muß alsdann Schlag auf Schlag enorme Quantitäten einführen. Die Peptogene scheinen im Darme eine gewisse Veränderung zu erleiden, und man ist anfänglich zu der Annahme geneigt, daß die Darmsäfte sie vielleicht verändern; doch die hierauf abzielenden Versuche ergeben in dieser Hinsicht durchaus negative Resultate. Wenn sie jene Veränderung nicht im Darm erleiden, so muß dieses außerhalb desselben der Fall sein, sie müssen in den Venen und Lymphgefässen alteriert werden. Naheliegend wäre es nun, anzunehmen, daß die Venen der Ort der Veränderung seien, weil die Lymphgefäße besonders Fett absorbieren; doch diese Annahme ist nicht angängig, denn die Magenvenen vereinigen sich mit den Gekrösvenen, bevor das Venenblut durch die Leber fließt, wo vielfache und wichtige chemische Veränderungen vor sich gehen, mithin kann die in Frage stehende Veränderung im System der Pfortader sich nicht vollziehen. Hiermit stimmt auch das Versuchsergebnis überein; denn wenn man Peptogene in eine Gekrösvene injiziert, so macht sich ihre gewohnte Einwirkung geltend. Man muß daher zugestehen, daß sie im Dünndarm durch die Lymphgefäße absorbiert und im Verlaufe der letzteren verändert werden, bevor die Lymphe in den Ductus thoracicus gelangt. Höchstwahrscheinlich findet die Veränderung in den Lymphdrüsen statt, welche in die Lymphbahnen eingeschaltet sind. Im übrigen wissen wir über die Art und Natur der Veränderung durchaus nicht das Geringste.

In praktischer Hinsicht ist diese Thatsache von beträchtlicher

Wichtigkeit; denn hierdurch wird es uns allein möglich, auf eine ratio-
nelle Weise die Indigestion zu erklären, und was noch mehr sagen
will, wir erlangen hierdurch ein ganz zuverlässiges Mittel, um die Indigestion schnellstens zu beseitigen. Wir haben gesehen, daß bei reichlichen und schwer verdaulichen Mahlzeiten der Verdauungsprozeß sich
allmählich verlangsamt und endlich vollständig erlischt, weil der secer-
nierte Magensaft pepsinfrei ist und es auch während einer variabeln
Zeit, sicherlich während sechs Stunden bleibt; aber wir hatten auch
gefunden, daß man die Sekretion eines pepsinhaltigen Magensaftes wieder
in Gang bringen kann, wenn dem Tier gute Peptogene per os oder
per anum zugeführt werden. Welchen Verlauf nehmen nun die Erscheinungen in solchen Fällen? Die einmal begonnene Verdauung
schreitet lawinenartig vorwärts, immer schneller und schneller ist ihr
Verlauf, die nur aufgelösten oder auch schon verdauten Nahrungsmittel
werden massenhaft absorbiert; der Magen secerniert reichlich Magensaft,
der an Pepsin reich ist, zu gleicher Zeit werden aber auch die Magen-
bewegungen immer lebhafter, häufiger und energischer und treiben den
größten Teil des flüssigen Mageninhalts in den Darm hinein, dort verlieren diese Flüssigkeiten (welche bei einer Absorption von seiten des
Magens die Rolle von Peptogenen gespielt haben würden) die Wirkung; .
im Magen bleibt eine Masse zurück, welche relativ zu dicht und zu
trocken ist, um schnell absorbiert zu werden, die Pepsinsekretion verlangsamt sich zuerst und versiegt endlich vollständig und die »Indigestion« ist dadurch geschaffen. Doch die bereits erwähnten Versuchs-
ergebnisse zeigen uns auch das Mittel an, um die bestehende Indigestion
zu vermeiden oder zu beseitigen, auch ist dieses Mittel fast immer von
prompter Wirkung, wie ich oft bei Tieren und Menschen zu beobachten
Gelegenheit hatte, vorausgesetzt, daß es sich um ein vollständig gesundes
Individuum handelt, welches sich durch einen Exzeß im Essen eine einfache Indigestion zugezogen hat (infolge der Aufnahme von schwer verdaulichen und zu wenig wässerigen Extrakt liefernden Speisen). Es genügt
in solchen Fällen oft schon, wenn man bei den ersten Anzeichen einer
verlangsamten Verdauung in Zwischenräumen von 10 bis 15 Minuten
zwei oder drei Gläser Wasser trinken läßt, um alles wieder in Ordnung
zu bringen; besser ist es freilich noch, besonders wenn die Verdauungsstörung schon sehr vorgeschritten ist, gute Fleischbouillon oder Dextrin
nehmen zu lassen; die Indigestion verschwindet dann in der Mehrzahl
der Fälle, um nicht zu sagen stets, unglaublich schnell. Es ist dies
eine rein empirische Erfahrung, aber sie dient dem wissenschaftlichen
Versuch zur Stütze, und wird von ihm bestätigt und erklärt.

Die Theorie, welche SCHIFF vor zwanzig Jahren aufstellte, indem
er sie auf den Thatsachen basierte, deren Entdeckung wir seinen langen
und mühsamen Arbeiten verdanken, könnte man folgendermaßen formu-
lieren: Während der ersten Stunden nach beendigter Verdauung einer
reichlichen Mahlzeit liefert der Magen einen Saft, welcher zwar sauer
reagieren kann, aber kein Pepsin enthält; denn der Vorrat von
Pepsin in der Magenschleimhaut ist aufgebraucht worden und dem Blute

scheinen während einiger Zeit (mehrerer Stunden) die Materialien zu
fehlen, welche für die Erzeugung von neuem Pepsin erforderlich sind. Doch
die Magenschleimhaut fängt bald wieder an, von neuem Pepsin zu liefern, sobald gewisse Substanzen, die »Peptogene«, durch Absorption oder
Injektion in das Blut gelangt sind und dieselben nicht vorher die Darm-
lymphgefäße passieren mußten. Die Peptogene scheinen mithin
dem Blute die Materialien zu liefern, aus denen die Pepsindrüsen das Pepsin bereiten.

Heute muß dieser Satz modifiziert werden, denn er berücksichtigt
nicht die Thatsachen, welche spätere Versuche den durch Schiff gewonnenen Resultaten hinzufügten und welche nach der Ansicht einiger die
Schiff'schen Entdeckungen zu widerlegen schienen, wie klar es auch
für andere sein mag, daß der Fortschritt der Wissenschaft nur die
Theorie vernichten kann, niemals aber die Thatsachen selbst. Die
von Schiff konstatierten Thatsachen sind ebenso sicher begründet und
ebenso unerschütterlich als irgendwelches zum Abschluß gekommene
Ergebnis der Physiologie. Seine Versuche sind so einfach, so leicht zu
wiederholen, und geben so beständige und handgreifliche Erfolge, die
Unterschiede sind gemäß den experimentell hergestellten Bedingungen
so enorme, daß man es kaum fassen kann, wie die Mehrzahl der
Physiologen, welche dieselben Versuche zu wiederholen bemüht waren,
dabei keinen Erfolg erzielte, und wie es möglich war, daß sie während
langer Jahre so wenig Beachtung fanden. Meiner Ansicht nach erklärt
sich dies nur dadurch, daß jene Forscher nicht streng genug alle vorgeschriebenen experimentellen Bedingungen erfüllt haben, wie sie Schiff
angab, und daß sie, durch die ersten mißglückten Versuche entmutigt,
es unterließen, die Beobachtungen öfter anzustellen; auf diesen Umstand
werden wir noch später zurückkommen. Für den Augenblick und bevor
ich den Paragraphen schließe, muß ich den Leser bitten, einen Augenblick zu überlegen, ob nicht die Untersuchungen Schiff's, in ihrer Gesamtheit betrachtet, in sich selbst den Beweis ihrer Richtigkeit enthalten; denn jeder Teil ist nicht nur für sich selbst einleuchtend, sondern bildet auch eine vollkommene Kontrolle und einen unanfechtbaren
Beweis für die Richtigkeit der andern. Die Versuche jeder Versuchsreihe sind sämtlich genau in derselben Weise ausgeführt worden, die
Bedingungen sind, soweit dies überhaupt möglich ist, dieselben —
nur die eine Bedingung, die gerade untersucht werden soll, ist quan-
titativ, qualitativ und in anderer Weise modifiziert worden; es bezieht sich dieses auf die Anwesenheit oder Abwesenheit der Peptogene,
auf die Wahl der einen oder der andern von diesen Substanzen, auf
ihre Einführung durch den Magen oder auf einem andern Wege etc.
Bildet nicht offenbar die Unwirksamkeit gewisser Substanzen (z. B. des
Wassers, des Rohrzuckers, des Traubenzuckers) eine Kontrolle und
einen unanfechtbaren Beweis für die Wirksamkeit gewisser anderer Substanzen (z. B. des Dextrins, der Peptone, der Fleischbouillon)? Wird
nicht offenbar diese Wirksamkeit von neuem und zum zweiten Male
kontrolliert und erwiesen dadurch, daß dieselben Substanzen unwirksam sind, sobald man sie anstatt per os oder per anum durch den

Dünndarm in das Blut überführt? Außerdem werden diese beiden Versuchsreihen, von denen eine jede Kontrolle und Beweis in sich enthält, und die sich gegenseitig kontrollieren und beweisen, zum dritten Male durch eine neue Versuchsreihe kontrolliert und bewiesen: denn wenn dieselben Peptogene, je nachdem sie in eine Mesenterialvene injiziert oder durch die Lymphgefäße absorbiert werden, im ersten Falle sich wirksam, im zweiten dagegen sich unwirksam erweisen, so ist dies doch ein neuer dritter Beweis für die ihnen vindizierten Eigenschaften. Mehr kann doch kaum geschehen, um wissenschaftlich die Richtigkeit eines Faktums zu beweisen. Aber Schiff hat sich auch damit noch nicht begnügt. Er stellte folgende Überlegung an: wenn der momentane Stillstand der Magenverdauung oder, was dasselbe sagen will, wenn die vorübergehende Apepsie des Magensaftes wirklich durch den Übertritt der Peptogene in den Dünndarm verursacht ist, so muß die verdauende Kraft des Magens beträchtlich sich erhöhen, sobald die Fortbewegung des Mageninhalts in den Dünndarm gehindert wird. Schiff stellte auf Grund dieses Räsonnements eine neue Serie zahlreicher Versuche an, bei denen die Ligatur des Pylorus zur Anwendung kam, und erhielt eine vollständige Bestätigung seiner Überlegungen; denn der Magen entfaltete eine geradezu überraschende Wirkungsfähigkeit, er verdaute bisher unerhörte Mengen von Nahrungsmitteln, und lieferte somit einen vierten Beweis, der abermals alle vorhergehenden Reihen kontrolliert und sicher stellt.

Doch wir haben noch nicht der Versuche Erwähnung gethan, bei welchen die Methode der Infuse zur Verwendung kam, und wollen uns daher jetzt mit diesen beschäftigen [1].

III.

Ich habe es mir für einen besonderen Abschnitt vorbehalten, über die mit Hilfe der Infusmethode angestellten Versuche zu berichten, welche als Kontrolle der durch die Fistelmethode erlangten Resultate zu dienen geeignet sind. Denn der Infusmethode verdanken wir einen sehr wichtigen Fortschritt in unserer Erkenntnis der Pepsinentstehung; es ist dies

---

[1] Die zahlreichen Versuchsreihen Schiff's an Kaninchen lasse ich hier ganz außer Betracht; ich sehe nicht ein, wozu man zu einem bestimmten Zwecke gerade die Tierspezies benutzen soll, die sich am wenigsten dazu eignet. Übrigens läßt sich mit etwas Übung und Geduld der Einfluß der Peptogene auch am Kaninchen sehr gut nachweisen. Allerdings muß man sich aber nicht mit einem einzigen halbmißlungenen und halbgelungenen Versuch begnügen, wie dies z. B. zwei jungen Anfängern im Würzburger Laboratorium vor etwa 15 Jahren passiert ist: sie opferten zwei Kaninchen, von denen eines eine Dextrineinspritzung ins Blut bekam; noch während des Lebens verdaute letzteres etwas mehr als das andere und sein Mageninfus verdaute ebenfalls mehr. Trotz dieses für einen ersten Versuch sehr ermutigenden Resultates und trotzdem, daß der Versuch also doch zu Schiff's Gunsten ausgefallen war, haben die jungen Forscher leider auf Wiederholung desselben verzichtet. Derartige Anfänge von Untersuchungen, ohne Fortsetzung, sind von vielen als gegen die Schiff'schen Resultate beweisend betrachtet worden. Proben, die mit den selben Infusen später angestellt wurden, haben für unsere Frage kein Interesse, aus Gründen, die bald einleuchtend erscheinen werden.

nach der Veröffentlichung des Werkes von Schiff ein Fortschritt, welcher
uns zwingt, unsere Ansichten über den Ursprung und die Bildung des
Pepsins wie auch über die Rolle, welche die »Peptogene« spielen, wesent-
lich zu modifizieren.

Schiff bediente sich für die Mageninfuse fast immer desselben Ver-
fahrens. Die Tiere werden, sobald die zur Ausführung des Versuches
beabsichtigten Bedingungen vorhanden sind, getötet, ihr Magen wird
sofort herausgenommen und schnell ausgespült, darauf wird er in kleine
Stücke zerschnitten, die in 200 g mit Salzsäure angesäuerten Wassers
gebracht werden, das Gefäß mit samt dem Inhalt wird sofort in einen
Brütofen gestellt, in der eine Temperatur von 40° C. herrscht. Nach
Verlauf eines Zeitraumes von einer halben bis drei Stunden, welcher
für dieselben Versuchsreihen immer der gleiche war und während dessen
die Gefäße teils im Brütofen, teils außerhalb derselben sich befanden,
goß man die Flüssigkeit ab und nahm von ihr ein bestimmtes Volumen,
um dessen Verdauungskraft zu untersuchen. Zu diesem Zwecke wurde
die abgemessene Flüssigkeit mit einer bestimmten Quantität von in
viereckige und ungefähr gleichgroße Stücke zerschnittenem, gekochtem
Albumen in den Brütofen wieder zurückgebracht. — Durch diese
Methode konnte man offenbar auf keine Weise die in jedem Magen vorhandene absolute Menge Pepsin bestimmen, doch es war unbillig, deswegen die Methode anzugreifen; denn dieses Ziel wollte man mit ihr
gar nicht erreichen; sie sollte nur dazu dienen, dem Forscher eine ungefähre Vorstellung zu verschaffen von der Menge Pepsin, welche ein
bestimmter Magen schnell an angesäuertes Wasser abgibt; man wollte
mit Hilfe derselben nur in den Stand gesetzt werden, ohne großen Zeit-
verlust (mit Rücksicht auf die bedeutende Anzahl der anzustellenden
Experimente) die an angesäuertes Wasser abgegebenen Pepsinmengen
zweier oder mehrerer Magen möglichst schnell vergleichen zu können,
nachdem die Tiere, von denen diese Magen herstammten, unter verschiedenen, experimentell hergestellten Bedingungen getötet worden
waren. Bei dem damaligen Stande unserer Kenntnisse von der Bildung des Pepsins war Schiff außerdem durchaus im Recht, wenn er
behauptete, daß die verdauende Kraft seiner gleichsam provisorischen
Infuse dem ganzen disponibeln Vorrate von Pepsin, welcher in der
Schleimhaut des infundierten Magens vorhanden ist, proportional
wäre; er konnte somit auch schließen, daß der eine Magen im Moment
des Todes mehr oder weniger Pepsin enthielt als der andere, und dies
genügte auch völlig, um zu entscheiden, ob die Umstände, welche den
lebenden Magen erschöpfen und seinen Saft apeptisch machen, dieses dadurch bewirken, daß sie wirklich die gesamte Menge von disponiblem
Pepsin verbrauchen, und ob anderseits diejenigen Bedingungen, welche
die Sekretion eines pepsinreichen Saftes schnell wieder in Gang bringen,
dieses dadurch bewirken, daß sie die Drüsenelemente der Schleimhaut
mit neuem Pepsin »laden«.

Das Ergebnis der zahlreichen zu diesem Zwecke angestellten Versuche hat den gehegten Erwartungen vollständig entsprochen. Es besteht eine unbezweifelbare Koinzidenz zwischen der verdauenden Kraft

des natürlichen Magensaftes und des künstlichen Saftes, der durch Infuse
auf die angegebene Weise erhalten wurde. Es ist hier nicht der Ort,
in technische Details einzugehen, ich begnüge mich daher zu bemerken,
daß die Mageninfuse von Tieren, welche in voller Verdauung, sechs oder
sieben Stunden nach der Mahlzeit oder zwei oder drei Stunden nach Einführung der Peptogene getötet wurden, sofort die Eiweißwürfel zu verdauen beginnen, sie schnell verdauen und in genügend großer Menge
(50 bis 100 und sogar 150 g); dagegen kann man immer beobachten,
daß das Mageninfus von Tieren, welche sofort oder bald nach beendigter
Verdauung des Vorbereitungsmahles getötet wurden, nur zögernd die
Eiweißwürfel zu verdauen beginnt und sie langsam und in verhältnismäßig geringer Menge verdaut (kaum 10 oder 12 g). Über dieses letzte
Faktum wird der Leser gewiß erstaunen, da ja der natürliche Magensaft
dieser Tiere im Moment des Todes vollständig apeptisch war; dies Ergebnis tritt aber regelmäßig ein, wenn man es nicht gerade mit kranken
Tieren zu thun hat, besonders mit solchen, die am Wundfieber oder an
einem andern Fieber leiden. Dieser Widerspruch ist auch nur scheinbar, er erklärt sich leicht auf folgende Weise: die Drüsenzellen des
Magens enthalten reichlich Ferment, welches sie leicht an den in den
Magen fließenden Saft abgeben; je länger aber die Sekretion dauert, um
so weniger leicht geben sie jenes Ferment ab; wenn daher die Verdauung lange dauert und schwer vor sich geht und wenn der größte Teil
des disponibeln Ferments verbraucht ist, dann geben jene Zellen nur
schwer noch Ferment ab und hören damit endlich früher oder später
gänzlich auf; trotzdem bleibt ein letzter Rest von Ferment, welchen
das Protoplasma der Zellen noch enthält, erhalten, und dieser Rest
ist es, welchen wir in den Infusen wiederfinden. Wir erhalten daher
vollständig pepsinfreie Infuse nur dann, wenn wir fiebernde Tiere zu
den Versuchen benutzen; denn der Fieberprozeß hebt die Produktion der
peptonisierenden Fermente des Magens und des Pankreas vollständig auf
(ebenso die des in der Leber gebildeten Glykogens) [1]. Man kann mithin
den Satz aufstellen: wenn sich v i e l Pepsin im natürlichen Magensaft vorfindet, dann ist das Pepsin auch in dem Infus in r e i c h l i c h e r Menge
vorhanden, wenn dagegen kein Pepsin im natürlichen Magensaft enthalten
ist, dann finden sich auch nur s e h r g e r i n g e Mengen davon in dem
Infuse; mithin sehen wir, daß das Vorbereitungsmahl einerseits und die
Absorption der Peptogene anderseits in beiden Fällen dieselbe Wirkung
entfalten. Das erstere verbraucht den gesamten Vorrat an Ferment,
der in der Schleimhaut vorhanden ist, die letzteren führen der Schleimhaut neuen Vorrat an Pepsin zu. Hiermit stimmt auch die Thatsache
überein, daß man das Maximum von Pepsin in den Mageninfusen erhält,
wenn den Tieren bald nach der Einführung der Peptogene der Pylorus
abgebunden wurde oder dieselben durch Inanition starben. Dieses
Resultat erhalten wir durch die Methode der p r o v i s o r i s c h e n Infuse.
Schiff wußte aber auch schon seit langer Zeit, daß man, um eine voll-

---

[1] In diesem Falle allein s i n d und b l e i b e n die Mageninfuse apeptisch;
wie man sie auch zubereiten mag, man erhält aus solchen Magen nicht mehr Pepsin,
als man aus einer des Glykogens beraubten Leber Zucker bekommt.

ständigere Extraktion zu erhalten, welche nicht bloß eine rasche Schätzung des relativen Reichtums verschiedener Magen an Pepsin, sondern auch eine exakte Ermittelung des wirklich in jedem Magen vorhandenen Pepsinvorrats ermöglicht, in anderer Weise verfahren und besonders zwei Faktoren von der größten Wichtigkeit modifizieren muß. Es ist dies erstens die Quantität des angesäuerten Wassers, in welches man die Schleimhaut hineinbringt, und zweitens die Zeit, welche für die Extraktion gewährt wird. Die verdauende Kraft der erhaltenen Infuse wächst im allgemeinen proportional der Zunahme dieser beiden Faktoren. Wenn wir z. B. die zerstückelte Schleimhaut eines und desselben Magens in drei gleiche Teile teilen und den einen durch 50, den andern durch 500 und den dritten durch 5000 g angesäuerten Wassers während mehrerer Tage extrahieren lassen, so werden unsere Infuse eine Quantität gekochten Albumens verdauen, welche täglich größer wird, und zwar wird dies um so mehr der Fall sein, je beträchtlicher die Menge des Lösungsmittels ist. Es ist aber leicht ersichtlich, daß nur bis zu einer gewissen Grenze die Vermehrung des Lösungsmittels und die Verlängerung der Extraktionszeit eine Erhöhung der verdauenden Kraft der Infuse zur Folge haben kann, da man ja endlich einmal ein Infus erhalten muß, in welchem der gesamte in der infundierten Schleimhaut vorhanden gewesene Vorrat an Pepsin enthalten ist. Hat man diese Grenze einmal erreicht, dann kann man auch durch die Bestimmung der gesamten Quantität von gekochtem Eiweiß, welche ein solches Infus verdaut, leicht die absolute Verdauungskraft des betreffenden Magens feststellen. Dieses Problem ist in dem 1867 von Schiff veröffentlichten Werke kaum angedeutet, später stellte er hierauf bezügliche Versuche an, über deren Ergebnis A. Mosso (gegenwärtig Professor in Turin, damals im Laboratorium zu Florenz arbeitend) einen kurzen Bericht im Jahre 1872 veröffentlicht hat. Das Ergebnis dieser Versuche fiel glänzender aus, als es hatte vermutet werden können. Jene in Frage kommende Grenze wird erreicht, wenn man die Magenschleimhaut eines mäßig großen Hundes in der enormen Quantität von 200 Litern angesäuerten Wassers während ungefähr fünfzehn Tagen infundiert. Ein solches Infus verdaut bis 75 kg Albumen! So überraschend auch diese Zahlen sind, so sind sie dennoch vollständig begründet und genau; Schiff und Mosso staunten selbst hierüber und wiederholten unzählige Male die Versuche, um ihrer Sache ganz sicher zu sein. Jedesmal, wenn das Tier groß und gesund war und sich unter den günstigsten Bedingungen befand, damit sein Magen das Maximum von Ferment lieferte, erhielt man dieses fabelhafte Resultat. Mosso macht darauf aufmerksam, daß ein Magen, der fähig wäre, 75 kg Albumen zu verdauen, in der Wirklichkeit nicht vorkommt, denn der freßgierigste Hund kann kaum den zwanzigsten Teil dieser Menge verdauen. Mithin ist die wirklich im Magen vorhandene Verdauungsfähigkeit eines starken Hundes, der kein Pepsin aufgebraucht hat, bedeutend größer, als sie für die zu verdauenden Mengen erforderlich wäre. Es sind jedoch die im lebenden Magen bestehenden Umstände derartig beschaffen, daß niemals die ganze Menge secernierten Pepsins vollständig ausgenutzt werden kann (ganz abgesehen von jener Menge, die immer in den Drüsen zurückbehalten wird);

ich will nur einiges erwähnen, um dies klar zu machen. Es ist offenbar unmöglich, jene enorme Quantität Wasser in den Magen zu schaffen, ohne welches $^9/_{10}$ des vorhandenen Pepsins ihre Wirksamkeit nicht entfalten können. Der Grund für diesen Pepsinüberfluß scheint darin zu liegen, daß es für den Organismus wichtiger ist, sein Mahl so schnell als möglich zu verdauen, als mit der geringsten Menge von Pepsin jene Arbeit zu bewältigen, auch steht es fest, daß die sehr verdünnten Infuse sehr langsam verdauen. Das überflüssige Pepsin wird wahrscheinlich zum großen Teil im Darm vernichtet, zum Teil vielleicht absorbiert, denn man findet immer mehr oder weniger von ihm im Urin. Dieser Umstand weist auch darauf hin, daß es nicht von neuem von den Magendrüsen verwertet wird; wenn es sich anders verhielte, wäre es auch unmöglich, so leicht durch ein Vorbereitungsmahl Apepsie zu erzeugen, und gäbe es überhaupt keine Indigestion — oder nur »nervöse« Indigestionen — während die von überreichen Mahlzeiten verursachten bei weitem die häufigsten sind.

Das Interessanteste an diesen Ergebnissen ist die Beobachtung, daß die Verdauungskraft der Infuse von großem Volumen nicht sogleich ihr Maximum erreicht, sondern allmählich von Tag zu Tag sich vergrößert; man könnte meinen, daß das Pepsin während der ganzen Zeit u n a u f h ö r l i c h n e u g e b i l d e t w e r d e, man ist fast zu der Annahme geneigt, daß die Schleimhaut ein Etwas enthalte, das n i c h t Pepsin selbst ist, aber allmählich dazu w i r d. Diese Vorstellung schwebte SCHIFF vor Augen, er that ihrer in einem kleine Kreise Vertrauter Erwähnung, jedoch treu seinem Prinzipe, niemals eine Hypothese zu veröffentlichen, bevor er dieselbe nicht genau und lange Zeit experimentell geprüft hatte, nahm er davon Abstand, sie zu allgemeiner Kenntnis zu bringen. Da erschienen die Untersuchungen GRÜTZNER's und EBSTEIN's, welche in Breslau unter HEIDENHAIN's Leitung angestellt worden waren, und verkündeten der wissenschaftlichen Welt eine der schönsten und wichtigsten Entdeckungen der Gegenwart, welche sich auf die Entstehung des Pepsins bezog: die genannten Forscher verwendeten bei ihren Versuchen eine neue Methode der Infuse, deren sich SCHIFF niemals bedient hatte und bei denen G l y c e r i n als Vehikel (Infusionsflüssigkeit) diente — eine von v. WITTICH vorgeschlagene Methode, welche damals in Aufnahme kam. Sie stellten durch ihre Versuche fest, daß die Drüsenzellen des Magens das Pepsin nicht direkt bilden, sondern einen Körper, welcher unter bestimmten Umständen sich zu Pepsin u m b i l d e t und welchen sie »P e p s i n o g e n« nannten [1].

Die Breslauer Schule studierte die Bildung und den Verbrauch dieses Propepsins auf das genaueste und entdeckte die wichtige Thatsache, daß während der Zeit, während welcher die Sekretion des Pepsins s t i l l s t e h t, die Produktion des Propepsins im G a n g e b l e i b t. Das Pepsin bildet sich somit auf Kosten des Propepsins und die in der Schleimhaut enthaltene Menge des letzteren nimmt daher in dem Maße

---

[1] Diese Umbildung erfolgt nur allzu leicht in den Lösungsmitteln, welche man für die Verdauungsinfuse benutzt; sie vollzieht sich mit der größten Leichtigkeit in verdünnter Salzsäure; ein ganz sicheres Mittel, sie v o l l s t ä n d i g zu vermeiden, hat man leider noch nicht entdeckt; am besten wirkt eben das Glycerin.

ab, als das erstere frei wird, da der Verbrauch alsdann mit der Produktion nicht gleichen Schritt hält. Es ist daher am Ende eines Verdauungsvorganges das Propepsin auf sein Minimum herabgesunken; da es
jedoch während des darauffolgenden Fastens unaufhörlich sich bildet und
nicht verbraucht wird, so häuft es sich von neuem wieder in der Schleimhaut an, bis es zur Verdauung eines neuen Mahles Verwendung findet.

Alles dieses widerspricht offenbar in keiner Weise den durch Schiff
konstatierten Thatsachen, sondern nur die von ihm gegebene Erklärung
derselben ist durch diese Ergebnisse hinfällig geworden. Wenn, wie
es der Fall ist, einerseits die Anwesenheit der Peptogene im Blut eine
schnelle und reichliche Sekretion befördert, anderseits aber das Propepsin sich unabhängig von ihnen und von ihrer Anwesenheit bildet,
so können die Peptogene offenbar nicht als die Bildungsmaterialien
des Propepsins betrachtet werden, wohl aber müssen sie von nun an
als ein sehr wesentlicher Faktor für die Umbildung des Propepsins
in Pepsin erscheinen.

Ich behaupte nicht, daß damit alles gesagt sei, aber man opfert
wenigstens damit nicht einen Teil der sicher konstatierten Thatsachen
zu gunsten des anderen Teiles auf, man faßt sie alle zusammen und
erweitert dadurch unsere Kenntnis von der Entstehung des Pepsins.
Es ist doch merkwürdig, daß niemand daran dachte, die Frage von
diesem Gesichtspunkte aus zu untersuchen, was doch so einfach war:
man brauchte ja nur die von mir angegebene Hypothese provisorisch
gelten zu lassen, man brauchte sich ja nur zu überzeugen, daß die von
Schiff konstatierten Thatsachen ebenso richtig und wahrheitsgemäß
waren als die der Breslauer Schule. Freilich mußte man zu diesem Zwecke
in peinlich genauer Weise die fundamentalen und entscheidenden Versuche Schiff's wiederholen, man mußte genau dieselbe Methode be-
folgen und durfte dieselbe höchstens nachträglich abändern, und das hat
eben niemand gethan. Im Gegenteil richteten sich die meisten seiner
Gegner nicht nach seinen Vorschriften und stellten infolgedessen Versuche an, von denen einige ihr eigenes Interesse haben und von selb-
ständiger Wichtigkeit sind, die aber keineswegs jene Schiff'schen
Versuche sind, welche wiederholt werden sollten. Z. B. die Hauptbedingung, die conditio sine qua non jedes Versuches, der über diejenigen Umstände Aufschluß geben soll, welche den Wiedereintritt der
vorher versiegten Pepsinsekretion begünstigen, ist die genaue Ausführung des Vorbereitungsmahles, und doch wird dieselbe von dem
größten Teil der Kritiker Schiff's kaum erwähnt[1]. Niemals sehen sie
zu, ob das Tier auch nicht bis zum Versuche trinkt, ob zur Zeit des

---

[1] Allerdings glaubt ein junger holländischer Physiologe, welcher unter Don-
ders arbeitete, auch dieser Anforderung nachgekommen zu sein; doch der Unglück-
liche gab seinen Hunden ein Vorbereitungsmahl von 75 g Fleisch anstatt 2 oder
3 kg! Das war offenbar eine Manipulation, die geeignet war, die Pepsinsekretion wieder in Gang zu bringen, anstatt sie zu erschöpfen! Die zwei jungen Leute, welche
unter der Leitung von Fick arbeiteten, haben ein wirkliches Vorbereitungsmahl
dem einzigen Hunde, welchen sie beobachteten, gegeben — doch der Rest ihrer
sieben Beobachtungen war derartig, daß man unmöglich ein sicheres Resultat erhalten konnte: 1. erhielt der Hund ein Klystier von 4 g Dextrin — diese Quantität ist selbst bei der Einführung durch den Mund zu wenig; überdies wurde

Versuches der Magen auch wirklich vollständig leer ist; fast alle machen keinen Unterschied zwischen dem fastenden Tiere und dem Tiere, welches eben eine reichliche Mahlzeit verdaut hat; der Magen ist allerdings in beiden Fällen leer, aber sein physiologischer Zustand ist ein ganz anderer. Im ersteren Falle enthält der Magen ein Maximum von Propepsin, im zweiten dagegen enthält er hiervon nur ein Minimum, daher kann im ersten Falle das Mageninfus auf die Länge der Zeit mehr verdauen, als das eines verdauenden oder peptogenisierten Tieres. Andere Forscher wiederum haben behauptet, daß Schiff keine Verdauung zu stande bekam, weil er seine Infuse nicht ansäuerte; doch sie vergaßen die Fälle, in denen diese Infuse verdauten, ebenso die Beobachtungen, welche mit Hilfe der Magenfistel am lebenden Magen gemacht wurden, und den Umstand, daß Schiff wohl wußte, daß Pepsin ohne Säure unwirksam sei. Wieder andere behaupteten, daß die Tüllsäckchen, in welchen die Albumenwürfel sich befanden, um sie beliebig aus dem Magen wieder herauszichen zu können, die Verdauung gehindert hätten . . . ., doch sie vergaßen die Fälle, in denen das Albumen trotz der Tüllsäckchen verdaut wurde, und die mit Hilfe der Infuse angestellten Kontrollbeobachtungen, in denen keine Tüllsäckchen zur Verwendung kamen. Noch andere behaupteten, daß das Flüssigkeitsvolumen, welches er verwendete, oder die Zeit, welche er für die Verdauungsprozesse im Brütofen festsetzte, ungenügend waren; doch sie vergaßen ebenfalls die Versuche, welche mit dem lebenden Tier angestellt wurden, sie übersahen die Thatsache, daß genau auf dieselbe Weise gemachte und behandelte Infuse ganz verschiedene Resultate ergaben, je nachdem das Tier peptogenisiert worden war oder nicht. Zahlreiche derartige Argumentationen sind veröffentlicht worden, und ich könnte damit fortfahren sie aufzuzählen, wenn das nicht eine nutzlose Arbeit wäre, denn sie alle sind einander ähnlich [1]. — Doch einen Ein-

das Klystier bald wieder ausgestoßen! 2. gab man dem Hunde durch die Magenfistel 4 g Dextrin — anstatt 20 bis 40 g — man nahm zwei Proben von der im Magen enthaltenen, unreinen Flüssigkeit, eine vor und eine nach der Einführung des Dextrins; diese letztere verdaut doch zweimal so viel als die erstere, was nichts beweist; in der That ergeben denn auch zwei andere ähnliche Beobachtungen keinen Unterschied zwischen den beiden Flüssigkeiten. Es folgen nun 3 Beobachtungen mit in den Magen eingeführten Säckchen, welche Albumen enthielten. In dem ersten Falle bleibt das Säckchen in der Kanüle stecken! Man fragt sich vergebens, warum ein solcher Versuch veröffentlicht wird; das sind eben kleine unerwünschte Zufälle, wie sie in jedem Laboratorium vorkommen, und die man aus dem Notizbuch auszustreichen pflegt. Es bleiben mithin nur zwei Beobachtungen übrig: die erste ergibt ein unbestimmtes Resultat zu gunsten Schiff's, die zweite ein ebenfalls unbestimmtes Resultat zu ungunsten der genannten Forschers. Und es war nicht anders zu erwarten; denn 1. der Magen wird nicht sorgfältig entleert und ausgespült vor der Einführung der Säckchen; 2. anstatt eines guten und rasch wirkenden Peptogens wird trockenes Brot gegeben; 3. anstatt sechs Stunden wird nur 3 Stunden gewartet, bis man die Säckchen herausnimmt, also viel zu wenig, um den Unterschied sicher beobachten zu können. Derart sind die meisten Versuche, die in den Lehrbüchern den Schiff'schen als gleichwertig und ihre Ergebnisse vernichtend dargestellt werden!
[1] Um dem Leser eine Vorstellung zu verschaffen, mit wie großer Ungenauigkeit und Oberflächlichkeit in gewissen Büchern von den Untersuchungen Schiffs gesprochen wird, will ich folgendes Beispiel anführen. In einem Lehr-

wurf muß ich noch abweisen. GRÜTZNER glaubt in einem Werke, welches er nach seiner mit EBSTEIN gemachten schönen Entdeckung des Pepsinogens oder Propepsins veröffentlicht hat, SCHIFF's Resultate zu vernichten, indem er von neuem das Faktum hervorhebt, SCHIFF habe seine Infuse derartig gemacht, daß sie nicht das ganze in der Schleimhaut enthaltene Pepsin, sondern nur den leicht löslichen Teil desselben enthielten. Nun hat sich aber SCHIFF gerade mit diesem leicht löslichen Teil allein beschäftigt, denn er ist eben das definitive Pepsin, der »schwerlösliche« Teil dagegen ist Propepsin. Außerdem war letzteres unbekannt, als SCHIFF seine Versuche anstellte, er konnte somit auch nicht darauf Rücksicht nehmen. Endlich wenn auch dasselbe bekannt gewesen wäre, hätte er es dennoch nicht berücksichtigt; denn seine Absicht war es nicht, die Gesamtmenge der in der Schleimhaut vorhandenen peptischen Substanz zu bestimmen, sondern nur diejenige Quantität Pepsin annähernd festzustellen, welche im Moment der Beobachtung oder im Moment des Todes vorhanden ist; hierzu war aber keine Methode besser geeignet als die, welche er befolgt hat. Sicherlich würde er aber seinen Versuchen eine neue Versuchsreihe haben folgen lassen, in der er darauf ausgegangen wäre, durch eine definitive Extraktion die Menge Propepsin festzustellen, welche nach der provisorischen Extraktion des Pepsins übrig bleibt, und er war bereits damit beschäftigt, als die Entdeckung GRÜTZNER's und EBSTEIN's veröffentlicht wurde. Es ist also klar, daß der kritische Teil der spätern Arbeit GRÜTZNER's, welche in vielen Hinsichten sehr interessant und wichtig ist, keinen Wert besitzt, denn er stützt sich von Anfang bis zu Ende auf die beständige Verwechselung von Pepsin und Propepsin, und es ist dies um so auf-

---

buch der Physiologie, welches gegenwärtig in Lieferungen erscheint und dessen Herausgeber ausdrücklich erklärt, daß es keine „farblose Kompilation des thatsächlichen Materials" sei, sondern „das Leben und Weben des physiologischen Erkennens in quellenmäßiger, historisch-kritischer Darstellung" darbiete — sind Schiff's Untersuchungen in folgender unglaublicher Weise abgefertigt:

„Schiff hat die Behauptung aufgestellt, daß eine „Ladung" der Magendrüsen mit Pepsin nur stattfinde, wenn denselben vorher bestimmte, aus dem Darmkanal (!) resorbierte Stoffe durch das Blut zugeführt werden; für ein besonders wirksames Ladungsmaterial der Art hält er das Dextrin. Er will beobachtet haben, daß, wenn der Magen eine größere Menge Eiweißkörper durch seinen Saft verdaut habe, er auf neue Reizung kein wirksames Sekret mehr liefere, dasselbe aber nach Einführung bestimmter Stoffe, besonders des Dextrins — ins Blut direkt oder vom Darm aus — wieder auftrete. Ferner soll nach Schiff die Schleimhaut längere Zeit fastender oder verhungerter Tiere kein verdauungsfähiges Extrakt aus sich darstellen lassen." (!)

Das ganze folgende Räsonnement ist nun auf diese thatsächlich unbegründeten und gefälschten Behauptungen des Verfassers gestützt; er hat offenbar nur ein paar kleine Referate über Schiff's Werke gelesen und niemals daran gedacht, die im Original beschriebenen Versuchsreihen zu wiederholen; die Versuche sind doch so leicht! noch leichter ist es allerdings, über Etwas zu räsonieren, als es gewissenhaft zu prüfen. Und so räsoniert denn der Verfasser weiter, um zu dem Schlusse zu gelangen, daß das Dextrin zur Bildung der freien Säure im Magensafte beitrage! — Ob es auch in den Mageninfusen auf dieselbe Weise wirkt, darüber gibt uns der Verfasser keinen Aufschluß! — Aufrichtig gestanden habe ich „farblose Kompilationen" viel lieber.

fallender Wirkung, als gerade dieser Forscher den wichtigen Unterschied zwischen diesen beiden Körpern entdeckt hat. Die Kurve der
Pepsinerzeugung läuft nicht parallel, sondern steht im Gegensatze
zu der der Propepsinerzeugung. SCHIFF hat die erstere allein studiert;
heute wissen wir, daß man alle beide studieren muß — aber man
darf sie sicherlich nicht zusammenwerfen, wenn man sich eine nur
einigermaßen richtige Vorstellung von den Bedingungen machen will,
welche die Schwankungen dieser Kurven beeinflußen, sondern man muß
jede für sich betrachten. Wenn man sie streng auseinander gehalten
hätte, anstatt sie miteinander zu vermengen, so würde man sich bald
überzeugt haben, daß diese beiden Untersuchungsreihen sich gegenseitig
einander stützen; man würde beobachtet haben, daß es Fälle gibt, in
denen beide Substanzen in großer Menge vorhanden sind oder in denen
von der einen Substanz viel, von der andern wenig sich vorfindet, oder
in denen beide Substanzen nur in geringer Menge vertreten sind. Man
würde ferner beobachtet haben, daß diese Fälle in vollständiger Übereinstimmung mit den Resultaten SCHIFF's stehen, wie ich Gelegenheit
hatte es zu konstatieren bei einigen Versuchen, die ich anstellte, und
bei denen ich die Schleimhäute erst nach der Methode SCHIFF's und
darauf nach der von GRÜTZNER behandelte.

Ich kann hier nicht in die Details dieser Diskussion eingehen, was
vielleicht sein Gutes hat, denn die zu eingehende Berücksichtigung der
Details hindert oft den Überblick über die Gesamtheit. Ein Vergleich
mit dem Leben wird die Wichtigkeit jener Unterscheidung versinnlichen.

Bekanntlich bildet sich der Leberzucker aus einem von M. SCHIFF
und CL. BERNARD gleichzeitig entdeckten [1] amyloiden Kohlenhydrate,
welches sich allmählich in der Leber anhäuft und dann von Zeit zu Zeit
in sehr verschiedenen Mengen sich eben in Zucker verwandelt, und zwar
unter dem Einfluße eines im Blute unter gewissen Bedingungen entstehen-
den diastatischen Fermentes. Nun wollen wir annehmen, daß uns dieses
Leberglykogen ganz unbekannt sei, wir wissen nur, daß von Zeit zu
Zeit in der Leber Zucker erscheint, wissen aber nicht warum. Jetzt
erst entdecken wir, daß dieser Zucker sich außerordentlich rasch und
reichlich bildet, sobald wir gewisse Stoffe ins Blut einführen; wir
erklären diese auffallende und unerwartete Erscheinung dadurch, daß
wir uns vorstellen, die eingeführten Stoffe seien das für die Zuckerbildung notwendige Material (dies entspricht also der Entdeckung der
»Peptogene«). Später wird aber von anderen entdeckt, daß der Zucker
gar nicht direkt gebildet wird, sondern aus dem längst in der Leber
angehäuften, ganz unabhängig von unseren vermeintlichen Zucker-
materialien gebildeten Stoffe, dem Glykogen, entsteht (dies entspricht der
Entdeckung des Propepsins). Welche Rolle spielen nun unsere »Zuckerbildner«? Wir müssen offenbar darauf verzichten, sie als direktes Material des Leberzuckers zu betrachten; aber die Thatsache der massen-
haften Bildung des Zuckers unter ihrem Einfluß steht deswegen nicht

---

[1] Im März 1857 teilten beide Forscher ihre Entdeckung mit: Schiff in
Bern am 18., und Bernard in Paris am 23.

weniger fest als früher und es wäre ein ganz sonderbares Verfahren, dieselbe nun wegleugnen und totschweigen zu wollen, wie es Schiff's Gegner gethan haben, unter dem Vorwande, daß die gesamte Menge der vorhandenen Kohlenhydrate (Glykogen und Zucker) dieselbe geblieben sei! Es handelt sich ja gar nicht um diese Gesamtmenge, sondern um die relative Menge des gebildeten Zuckers; und da letztere unter dem Einfluß unserer vermeintlichen »Zuckerbildner« massenhaft zunimmt, so brauchen wir bloß anzunehmen, daß diese Stoffe, anstatt, wie wir zuerst glaubten, das Material der Zuckerbildung zu liefern, durch ihre Gegenwart irgend wie die rasche Umwandlung des vorhandenen Glykogens in Zucker bewirken. Wenn nun jemand diese Ansicht prüfen will, so muß er selbstverständlich den Glykogengehalt und den Zuckergehalt gesondert bestimmen und nicht die Summe beider, die ja natürlich unverändert bleibt und folglich über die vorliegende Frage gar keinen Aufschluß geben kann. Schiff's Kritiker haben aber ersteres nie gethan, sondern nur letzteres; wodurch ihre Einwände eben wert- und sinnlos sind.

Etwas anderes ist es, welchen Weg man einschlagen muß, um festzustellen, wie dieser Einfluß zu stande kommt, und diese Frage hat Schiff nicht in Angriff genommen, er stellte einfach nur fest, daß ein solcher Einfluß existiert, die andere Frage bleibt eine Aufgabe der Zukunft. Man sieht aber ein, daß die vermittelnde Hypothese, welche ich angab, wenigstens ein Anfang ist zur Erlangung einer vollkommeneren Erkenntnis, welche sich einerseits auf die von Schiff erhaltenen Resultate und andererseits auf die Entdeckungen der Breslauer Schule stützen wird; und ich bin fest überzeugt, daß, wenn man vorurteilsfrei diesen Weg einschlagen wollte, die vollständige Aussöhnung der streitenden Parteien nicht lange auf sich würde warten lassen.

Zum Schluß will ich mich noch bemühen den Nachweis zu liefern, daß jene Aussöhnung halb und halb schon Thatsache ist. In seiner letzten Publikation über diesen Gegenstand [1] gibt Heidenhaim zu, daß die Aufsaugung gewisser noch nicht bestimmter Nahrungsmittel durch die Magenschleimhaut die Absonderung des Pepsins außerordentlich befördert; dies ist offenbar in vollem Einklang mit den ersten Resultaten Schiff's, welche ihn vor ungefähr dreißig Jahren zu seinen neuen Versuchen ermunterten, die wiederum ihrerseits ihn in den Stand setzten, diesen ersten unvollständigen Schluß zu modifizieren und zu vervollständigen; denn sie bewiesen: 1. daß der in Frage kommende Einfluß nicht durch alle Nahrungsmittel erzeugt wird, sondern nur durch einige, von denen er einen Teil ausfindig gemacht hat; 2. daß die jene Wirkung besitzenden Nahrungsmittel nicht ausschließlich durch den Magen absorbiert zu werden brauchen, sondern daß sie auch unbeschadet ihrer Wirksamkeit durch das Rektum oder durch das subkutane Zellgewebe eingeführt werden können, ja daß es sogar am vorteilhaftesten ist, sie direkt in das Blut zu injizieren; 3. daß jene Nahrungsmittel ihre Wirk-

---

[1] In Herrmann's Handbuch der Physiologie, Bd. V, an verschiedenen Stellen.

samkeit verlieren, wenn sie vom Dünndarm absorbiert werden. Wollen wir nun streng objektiv verfahren, so ist dies alles, was wir behaupten können; denn wir wissen gar nichts darüber, warum gewisse Substanzen diese Wirksamkeit nicht besitzen, wir sind vollständig im Unklaren darüber, wie dieser Einfluß bei den wirksamen Substanzen zu stande kommt und warum sie unwirksam werden, sobald sie von den Darmlymphgefäßen absorbiert werden. Es wäre gewiß klug und vorsichtig, auf eine alles dieses erklärende Theorie zu verzichten, aber wie würde es mit der Wissenschaft aussehen, wenn jeder so denken und handeln wollte? Denn die Theorien und Hypothesen, welche wir aufstellen, sind die Hebel, mit deren Hilfe wir immer neue Erkenntnisse gewinnen. Wenn ein solcher Hebel nicht mehr gut ist, wenn er sich biegt oder bricht, so nimmt man einen andern, der besser ist (oder es wenigstens zu sein scheint). In diesem Sinne hat Schiff vor nun zwanzig Jahren seine Theorie aufgestellt, welche sich auf die bis zu der damaligen Zeit bekannten Thatsachen stützte, und in diesem Sinne ist seine Behauptung zu verstehen, daß die »Peptogene dem Blute die Materialien für die Bildung des Pepsins liefern«. Die Entdeckung des Propepsins hat diesen theoretischen Ausdruck der von Schiff konstatierten Thatsachen als unrichtig widerlegt; doch die Thatsachen selbst bleiben bestehen, und wenn man eine neue Theorie wünscht, die wenigstens provisorisch annehmbar ist, so muß sie sich auf alle bekannten Thatsachen stützen, nicht aber auf einige mit Ausschluß der andern, denn sonst ist sie von vornherein in sich hinfällig und unannehmbar; sie muß anerkennen, daß die Gegenwart der Peptogene im Blut eine der wichtigsten Bedingungen für die schnelle und reichliche Umbildung des Propepsins in Pepsin ist. Freilich ganz dunkel bleibt es, wie die im Blut anwesenden Peptogene wirken, und dieses Dunkel dürfte zweifellos so bald nicht aufgehellt werden.

Um diese Frage wie auch viele andere zu beantworten, muß die Physiologie abwarten, bis die organische und physiologische Chemie größere Fortschritte gemacht hat. Alles was wir augenblicklich vermuten können über die Natur des fraglichen Einflusses, wäre dies, daß er chemischer Natur sein muß und daß er kein direkter, sondern nur ein vielfach vermittelter sein kann. Denn andernfalls wäre es unerklärlich, daß hinsichtlich ihrer Zusammensetzung und Konstitution so gänzlich verschiedene Substanzen wie das Dextrin und die Peptone schließlich dieselbe Wirkung haben; man muß eben annehmen, daß, sobald diese Substanzen in das Blut gelangen, sie dasselbe verändern und daß diese erste Veränderung eine ganze Reihe anderer zur Folge hat, unter denen auch eine sich vorfindet, welche das Blut zur Ernährung des Protoplasmas der Magendrüsenzellen (der Heidenhain'schen Hauptzellen) geeignet macht, und zwar muß die Ernährung der Hauptzellen eigentümlicher Natur sein, da sie eine sehr schnelle und sehr reichliche Umbildung des Propepsins in Pepsin zur Folge hat. Die Peptogene können mithin in jedem Falle nur in indirekter und vielleicht sehr entfernter Weise an der Entstehung des Pepsins beteiligt sein, und es ist nicht unwahrscheinlich, daß man dasselbe Resultat erhalten würde, wenn es gelänge, ein anderes Mittel zu finden, welches dieselbe Reihe von Veränderungen in der Blutmasse hervorruft. Vielleicht wirkt in dieser Weise das Kochsalz, wenn es in kleiner Quantität in die Venen eines lebenden Tieres injiziert wird, wie GRUTZNER es gesehen hat.

Wie dem auch sei, es ist besser, sich nicht in Probleme zu vertiefen, die wir gegenwärtig doch nicht zu lösen im stande sind, und sich mit den Thatsachen zu begnügen, wie wir sie durch den Versuch gewonnen haben; der Versuch aber läßt keinen Zweifel übrig, daß gewisse, in dem größten Teil unserer Nahrungsmittel enthaltene Substanzen die Fähigkeit besitzen, sobald sie auf irgend einem Wege, mit Ausnahme des Dünndarms, in das Blut gelangen, die Magenschleimhaut zu einer reichlichen Pepsinsekretion anzuregen. Dieses ist Thatsache und daran läßt sich nicht zweifeln, gleichviel welche Erklärung uns die fortschreitende Wissenschaft in Zukunft hiervon geben wird, gleichviel ob es uns niemals gelingt, für dieses Faktum eine Erklärung zu gewinnen; übrigens ist ja das Faktum für die praktische (hygieinische und therapeutische) Anwendung der physiologischen Ergebnisse das Wichtige; die Erklärung ist nebensächlich.

––––––––––

Zweiter Teil: **Das Neue.**

I.

Der Winzer HEINRICH BAUD, 28 Jahre alt, suchte Mitte April 1883 das Kantonshospital von Lausanne auf. Schon im Dezember 1882 war er zum erstenmale wegen Magenschmerzen und Erbrechen in dasselbe aufgenommen worden, er hatte es jedoch nach Verlauf von vierzehn Tagen wieder verlassen. Den Winter verbrachte er ohne allzugroße Beschwerden; er verdaute zwar schlecht, erbrach jedoch nicht. Von Zeit zu Zeit litt der Patient an Magenschmerzen, die aber weder hinsichtlich der Zeit ihres Auftretens, noch hinsichtlich ihres Sitzes irgend etwas Bestimmtes hatten.

Anfangs April trat ohne erkennbare Ursache eine Verschlechterung in seinem Zustande ein; die Schmerzen nahmen die ganze Regio epigastrica ein, traten täglich unmittelbar nach der Mahlzeit auf und hielten so lange an, bis der Magen durch Erbrechen von seinem Inhalt befreit war. Blut war niemals in den erbrochenen Speisen bemerkbar. Der Kranke magerte schnell ab, die Kräfte schwanden, die Verdauung wurde immer unvollständiger. Nach Verlauf von vierzehn Tagen suchte BAUD, wegen seines Zustandes beunruhigt, von neuem das Hospital auf und wurde am 17. April in dasselbe aufgenommen.

Ich teile nachstehend einen kurzen Auszug aus dem Krankenbericht mit, den Dr. DE CÉRENVILLE über diesen Fall angefertigt hat.

„Der Fall war zwar interessant, bot uns aber auch viele Schwierigkeiten. Es bestand in der That beim ersten Anblick ein sonderbarer Kontrast zwischen dem sehr schlechten Gesamtaussehen und den örtlichen Erscheinungen.

„BAUD, offenbar von sehr kräftigem Bau, war schwerleidend, mager, cyanotisch, fröstelnd, er erbrach, sobald er irgend eine Speise zu sich genommen hatte, die Augen waren eingesunken, die Stimme matt, die Zunge belegt, der Bauch abgeflacht, hart, eingezogen, die Wirbelsäule durch die kontrahierten Därme hindurch

fühlbar wie in der Bleikolik, Druck auf das Kolon ist leicht schmerzhaft; Stuhlverstopfung seit mehreren Tagen, die Körpertemperatur beträgt 36,8°.

„Um die Schrumpfung des Unterleibes zu heben, wurden zunächst Opium-
klystiere angewendet, doch ohne Erfolg; der Zustand verschlechterte sich, die
Temperatur sank auf 35,8°, der Puls verlangsamte sich in besorgniserregendem
Maße, heiße Bäder brachten die Körpertemperatur nur wenig zum Steigen. Auf
jeden Ernährungsversuch erfolgt Erbrechen, die Stuhlverstopfung dauert an.

„Nach weiteren fünf Tagen sollte künstliche Ernährung versucht und zu
diesem Zwecke eine Schlundsonde eingeführt werden. Doch zu meinem großen Erstaunen wurde ein Hindernis eruiert, welches sich an der Cardia befand; denn
die Sonde saß 39 cm vom Rande der Schneidezähne entfernt fest.

„Nachdem die an der Cardia bestehende Verengerung festgestellt war, mußte
die Natur derselben erforscht werden, da hiernach sich erst die erforderlichen therapeutischen Maßnahmen bestimmen ließen. BARD sah nicht derartig kachektisch
aus, wie es bei an Krebs leidenden Patienten der Fall ist, er war nur durch mangelhafte Ernährung heruntergekommen. Die Bronchialganglien schienen ebenso
wenig gereizt wie die Lungenmagennerven, was sonst bei krebsartigen Tumoren
der unteren Region der Speiseröhre der Fall zu sein pflegt. Die Resistenz des
Hindernisses war fest, der Sondenschnabel ruft beim Auftreffen keine Blutung her-
vor und fördert kein noch so kleines Tumorfragment zu Tage.

„Durch sorgsame Untersuchung des Herzens, des Thorax, des Zirkulations-
apparates wird jede Geschwulst der Lymphdrüsen oder ein Aneurysma ausgeschlossen.
Eine Einführung von Kaustica — Säuren oder Alkalien — deren Folgezustand eine
Verengerung ja sein kann, oder ein ähnlicher Unfall hatte nicht stattgefunden, wie die
Anamnese ergab. Durch Narbenschrumpfung infolge eines an der Cardia vorhanden
gewesenen Magengeschwürs konnte der Verschluß auch nicht zu stande gekommen sein, denn BARD ist zwar dyspeptisch, aber er klagte nur über magen-
krampfartige Schmerzen seit einem Jahre, eine Magenblutung war nie aufgetreten.
Es könnte sich um eine ringförmige, nicht krebsartige Verhärtung infolge einer
chronischen Dyspepsie handeln, welche höchst wahrscheinlich eine über ihr gelegene Speiseröhrenerweiterung zur Folge hatte und mithin das Primäre war.

„Unter dem Einfluß eines Säureüberschusses und des Erbrechens verdickt
sich die Schleimhaut an der Cardia und hindert den Durchtritt eines Teils der
Speisen, die Speiseröhre wird hierdurch erweitert und die stagnierenden und sich
zersetzenden Speisen unterhalten einen beständigen Reizzustand an der Cardia,
dessen endliche Folge Verhärtung ist, so daß sich an ihr ein fibröser Ring bildet;
so stelle ich mir die Aufeinanderfolge der Krankheitszustände vor.

„Wie dem auch sei, man mußte bei der unserm Patienten drohenden Gefahr
an schleunige Hilfe denken, denn die Abmagerung und der Kräfteverfall machten
schnelle Fortschritte, die kapilläre Zirkulation war behindert, die Temperatur sank,
der Puls wurde immer schlechter und sank in seiner Frequenz bis auf 48, eine Ernährung vom Munde aus war unmöglich und die während der letzten Tage gebrauchten Pankreas-Klystiere schienen gänzlich erfolglos zu sein.

„Unter diesen Umständen blieb uns nur noch ein Mittel übrig, nämlich die
Eröffnung des Magens und die Herstellung einer Fistel. Mein Kollege Dr. DUPONT
war derselben Ansicht und operierte den Patienten daher am 5. Mai, assistiert von
Dr. SECRETAN, BERDEZ und SOUTTER.

„Eine 5 cm lange Inzision wurde links ungefähr parallel den falschen Rippen
gemacht, Muskeln, Aponeurosen, Peritonäum schichtweise getrennt, der Magen in
die Wunde hineingezogen. Darauf wurde die Magenwand, Peritonäum und die
Deckschichten vermittelst Catgut- und Metallnähten vereinigt und die Wunde mit
einem Lister-Verband bedeckt. Die Operation war von keinem nachteiligen Einfluß auf den Patienten, denn die Temperatur betrug morgens 36,6, abends 37,3,
die Pulsfrequenz betrug 60.

„Am übernächsten Tage wurde der Verband abgenommen, die in der asep-
tischen Wunde befindliche Magenwand inzidiert ohne Schmerz und beträchtlichen
Blutverlust. Durch die nun bestehende Fistel wurde vermittelst eines Trichters
ein achtel Liter Bouillon in den Magen gegossen, des Abends erhielt der Patient
ein viertel Liter. Sein Aussehen besserte sich sogleich, seine Kräfte fühlte er
wieder wachsen. Am 8. Mai erhielt er zweimal ein halbes Liter Bouillon, dar-

auf Milch. Die bisher gebrauchten Klystiere aus rohem Fleisch und Pepsin wurden
ausgesetzt.

„Die Heilung bot nichts Abnormes, abgesehen von einer kleinen Phlegmone
in der Muskelschicht, welche durch eine Gegeninzision zur Heilung gebracht wurde.
Am achten Tage konnten die Nähte entfernt werden. Die tägliche Nahrung bestand vom 13. Mai ab aus 12 Deziliter Milch, 6 dl Bouillon, zwei Eiern, 100 g
rohem Fleisch; etwas später erhielt der Patient noch pulverisierten Zwieback in
Milch und 200 g Fleisch anstatt 100 g. BAUD machte jetzt schnelle Fortschritte,
sein Körpergewicht, welches nach Anlegung der Fistel 48 kg betragen hatte, war
Ende Juli auf 60 kg gestiegen, er stand auf und verbrachte den ganzen Tag
außerhalb des Bettes.

„Meine fortgesetzten Versuche, die Durchgängigkeit der Cardia wieder her-
zustellen, blieben ohne jeden Erfolg; keine noch so dünne Sonde ging durch die
Verengerung, sie saß immer 39 cm vom Rand der Schneidezähne fest; ich versuchte
endlich noch von der Fistel aus eine Sonde durch den Magen und die Cardia nach
der Speiseröhre vorzuschieben, doch es gelang mir niemals, mit dem in der Richt-
ung der Cardia eingeführten Sondenschnabel auf irgend eine Öffnung zu treffen,
obwohl man anzunehmen berechtigt war, daß die gegen die Cardia konvergierenden
Schleimhautfalten die Sonde richtig leiten würden."

Dieser in vielen Hinsichten außerordentlich günstige Fall stand mir
wider Erwarten zu Gebote, um die Magenverdauung beim Menschen und
besonders um die Entstehung des Pepsins unter dem Einfluß der SCHIFF-
schen Peptogene zu studieren. Wie oft hatte ich diesen Einfluß an
Hunden beobachten können: jetzt endlich war es mir möglich, zum erstenmale ihn direkt am Menschen festzustellen, jetzt war ich in der Lage,
nicht nur eine neue Bestätigung der experimentellen Resultate SCHIFF's zu
liefern, sondern auch eine unbezweifelbare Bestätigung der Konsequenzen,
der hygienischen und therapeutischen Anwendungen zu geben, welche schon
SCHIFF aus ihnen gefolgert und die, von vorurteilsfreien Ärzten erprobt,
vortreffliche Resultate ergeben hatten, so daß schon hierdurch ein zwar
indirekter, aber sicherer Kontrollbeweis geliefert wurde.

Ich sagte, daß der Fall in vielen Beziehungen sehr günstig lag;
dies war auch in der That so, denn ich hatte es mit einem jungen, vollständig gesunden Manne zu thun, der nur eine chirurgische Läsion be-
saß, im übrigen aber sich eines guten Appetits erfreute, die verschiedensten und reichlichsten Mahlzeiten, welche mit Hilfe eines gehörig großen
Trichters eingeführt wurden, mit der größten Schnelligkeit verdaute und
an Kräften und Körpergewicht sehr schnell zunahm. Noch einen günstigen
Umstand kann ich nicht unerwähnt lassen. Die wechselnden und oft
sehr beträchtlichen Mengen verschluckten Speichels fehlten fast ganz;
freilich war derselbe nicht völlig ausgeschlossen, denn der Verschluß der
Speiseröhre war kein vollständiger, wie ich mich seit Anfang Juni überzeugen konnte. Als ich nämlich BAUD 50 ccm intensiv gefärbten Heidel-
beersyrup verschlucken ließ, war nach Verlauf einer viertel Stunde nichts
in den Magen hineingelangt, jedoch nach Verlauf einer halben Stunde
war der Mageninhalt leicht rosa, nach Verlauf von dreiviertel Stunden
lebhaft rot gefärbt[1]. Jedenfalls war der Durchgang sehr eng, so daß der

---

[1] Sechs Monate später bemerkte ich freilich, daß Flüssigkeiten viel leichter
durchgingen und daß Baud sich dies zu nutze machte, um in unbewachten Zeiten
jede Art von Getränken, besonders Milch und Cognac zu verschlucken. Am
6. Februar 1881 konnte Dr. Roux mit Hilfe eines kleinen Spekulums und eines
Kehlkopfspiegels die Cardia sehen und die Striktur mit einer der feinsten Sonden

Speichel nur sehr langsam und mit einer gewissen Regelmäßigkeit in den Magen gelangen konnte, die etwa vorhandene Menge mußte mithin klein sein und sich immer gleich bleiben, weshalb dieselbe in diesen nur vergleichsweisen Versuchen unberücksichtigt bleiben konnte.

Ich mußte mich jedoch bald überzeugen, daß in dem vorliegenden Falle auch sehr bedenkliche Übelstände vorhanden waren; denn in erster Linie war es mir unmöglich, bei dem Patienten der Hauptbedingung für das Gelingen der auf den Einfluß der Peptogene bezüglichen Versuche in aller Strenge Genüge zu thun, nämlich das Vorbereitungsmahl in der vorgeschriebenen Weise zur Ausführung zu bringen. Ich sah voraus, daß ich niemals als Ausgangspunkt meiner Beobachtungen die Apepsie erreichen würde, die man doch so leicht bei dem größten Teil der mit Fisteln versehenen Hunde erzeugt; ich war daher gezwungen, ein mehr mit einem weniger zu vergleichen, anstatt ein nichts mit etwas vergleichen zu können.

Zweitens deutete die Vollständigkeit der Magenverdauung bei dem Patienten an, daß die Pepsinproduktion bei ihm eine äußerst reichliche sei, und ich mußte daher befürchten, daß eine schon maximale Pepsinproduktion durch die Einführung der Peptogene nicht mehr gesteigert werden könne. Erhielt ich aber unter diesen Umständen dennoch ein positives Resultat, so war dieses offenbar ein um so bestimmterer Beweis für die Wirksamkeit der Peptogene.

Drittens mußte ich mich seit Beginn der Beobachtungen überzeugen, daß bei meinem Individuum fast beständig eine wechselnde, aber oft sehr beträchtliche Menge Galle im Magen vorhanden war; diese Beobachtung kam mir ganz unerwartet, da weder BEAUMONT noch RICHET dieses Umstandes Erwähnung thun, welchen ich beim Hunde nie beobachtet hatte, und da ich damals die Dissertation von GRUENEWALD (Dorpat 1853) nicht kannte. Man sieht leicht ein, wie sehr die Gegenwart des Duodenalinhalts den Gang der Verdauung komplizieren und verändern, wie viel Unregelmäßigkeiten sie in denselben bringen konnte, die vielleicht die regelmäßigen Schwankungen vernichteten, welche ich beobachten wollte und von denen das Ergebnis meiner Beobachtungen abhing. Trotz dieses entmutigenden Umstandes beschloß ich fortzufahren, da ich die Hoffnung hatte, den Beweis a fortiori zu liefern. Denn wenn endlich trotz aller dieser schweren Übelstände die Peptogene dennoch ihre Wirkung entfalteten, dann war ihre Wirksamkeit auf eine gänzlich endgültige Weise erwiesen.

Ich stellte daher eine hinreichend große Anzahl von Beobachtungen an, deren Plan folgender war: Dem Patienten wurde um 7 Uhr abends eine reichliche Mahlzeit gereicht, darauf wurde dafür gesorgt, daß er bis zum Morgen nichts zu sich nahm. Um 6 Uhr morgens wurde der Versuch bei leerem Magen begonnen; man untersuchte die im nüchternen

---

überwinden; später gelang es ihm, eine englische Sonde Nr. 7 einzuführen. Im Februar 1885 konnte H. Favrat mit einer 5 mm dicken Sonde vom Magen in die Speiseröhre vordringen. Es begreift sich leicht, wie sehr diese zunehmende Leichtigkeit des Verschluckens verbunden mit der unbesieglichen Gierigkeit des Patienten meine während d. J. 1884 angestellten Beobachtungen stören mußte.

Magen enthaltene Flüssigkeit und führte als Frühstück das zerkleinerte Albumen von drei harten Eiern mit 200 bis 300 g Wasser ein. Außerdem brachte man in den Magen drei kleine Netze von Seidenfäden, deren jedes 8 kleine, sehr regelmäßige und immer gleich große Albumenwürfel enthielt und die man beliebig wieder herausziehen konnte. Die Fistel wurde stündlich geöffnet und Mageninhalt zur Untersuchung herausgenommen, zur selben Zeit wurde aber auch immer eins der drei Säckchen herausgezogen, um den Gang der Verdauung im Innern des Magens durch die Volumenverminderung der Albumenwürfel festzustellen; diese mußten außerdem in einer antiseptischen Flüssigkeit aufbewahrt werden, um als objektive Beweise des Ergebnisses einer jeden Beobachtung zu dienen. Sobald man nun einmal auf diese Weise eine ungefähre Vorstellung von dem gewohnten Gange der Verdauung erlangt hatte, konnte man dazu übergehen, mit dem das Frühstück begleitenden Wasser verschiedene Substanzen einzuführen. Man konnte dabei den Einfluß auf die Verdauung im Innern des Magens und auf die verdauende Kraft der stündlich entnommenen Flüssigkeitsproben studieren.

Doch all dies erforderte eine so anstrengende Aufmerksamkeit und nahm so viel Zeit in Anspruch, daß ich gleich von Beginn der ersten Beobachtungen an das Prinzip der Arbeitsteilung zu Hilfe nehmen mußte, und gern benutze ich diese Gelegenheit, um Herrn A. FAVRAT, stud. med., und Herrn Dr. C. ROUX meinen Dank auszusprechen, die jeder einen Teil der Besorgungen auf sich nahmen, während ich mich mit einer weiterhin zu erwähnenden Nebenuntersuchung beschäftigte; auch Herrn DANILEWSKI, welcher die Güte hatte, einige Analysen auszuführen, um den Peptongehalt mehrerer zu verschiedenen Perioden der Verdauung aus dem Magen entnommener Probeflüssigkeiten festzustellen, muß ich meinen lebhaftesten Dank abstatten.

Nunmehr können wir zur Durchsicht der erhaltenen Resultate übergehen.

II.

Erste Reihe.

Diese in vielen Beziehungen mangelhafte Versuchsreihe hat dennoch zu interessanten Ergebnissen geführt, von denen allein jetzt die Rede sein soll.

A. Es war unsere Absicht, den normalen Verlauf der Verdauung festzustellen und die Abänderungen zu erforschen, welche die letztere unter experimentell hergestellten und successive einwirkenden Einflüssen erleiden würde. Zu diesem Zwecke führten wir in den Magen drei kleine, weitmaschige, aus Seidenfäden gefertigte Beutel ein, von denen jeder dieselbe Anzahl frisch koagulierter Albumenwürfel von ungefähr 125 cmm Volumen enthielt, außerdem eine Fibrinflocke von Rinderblut herstammend, die ungefähr 1 ccm Volumen hatte. Die erwähnten Beutel sollten nach Verlauf von einer, von zwei und von drei Stunden wieder aus dem Magen herausgezogen werden. Das Fibrin diente als sehr empfindliches Reaktionsmittel; denn es mußte durch sein Verschwinden vom Beginn des Versuchs an die Anwesenheit eines pepsinhaltigen, wirksamen Magensaftes anzeigen, während, wenn es intakt blieb, dies ein Beweis dafür war, daß das peptonisierende Ferment fehlte; der Zustand der Albumenwürfel mußte die Schnelligkeit des Verdauungsvorganges erkennbar machen. Mit Ausnahme einiger außergewöhnlicher Fälle haben wir sie schnell genug abnehmen sehen, besonders im zweiten und dritten Säckchen. Wir brachten diese Würfel, nachdem sie gut mit Wasser abgespült worden waren, in kleine Probiergefäße, die mit einem Gemisch aus gleichen Teilen Glycerin und einer gesättigten Borsäurelösung angefüllt waren.

Oft genug ereignete es sich, daß wir den Inhalt des ersten Säckchens, Albumen und Fibrin, gänzlich intakt fanden, bisweilen fand sich auch noch in dem zweiten Säckchen ein Rest Fibrin vor und das Albumen war nur oberflächlich angegriffen. Wir glaubten zuerst, das Pepsin habe während der ersten Stunde nach dem Mahle gefehlt und dessen Sekretion habe erst im Laufe der zweiten Stunde begonnen, doch dem war nicht so; denn wir bemerkten bald, daß das Fibrin sich in der angegebenen Mischung aus Glycerin und Borsäure auflöste und auch die Albumenwürfel nach erfolgter Auflösung des Fibrins das charakteristische Aussehen anzunehmen begannen, welches dem beginnenden Verdauungsprozeß gerade unterworfene Würfel anzunehmen pflegen; in denjenigen Probiergefäßen dagegen, in denen kein Fibrin war, hielten sich dieselben viel besser. Das Fibrin (und vielleicht auch das Albumen) hatte sich offenbar mit Ferment imprägniert, ohne sich aufzulösen. Ich entschloß mich nun, unsere ganze Sammlung zu opfern, um mir über den Zustand der Dinge Gewißheit zu verschaffen. Das Glyceringemisch wurde abgegossen und durch 2 ⁰/₀₀ Salzsäure ersetzt, darauf wurden die Probiergefäße in den Brütofen einer Temperatur von 40⁰ ausgesetzt. Am folgenden Tage enthielten sie nur eine klare Flüssigkeit, das ganze Albumen hatte sich aufgelöst[1]. Man konnte mithin nicht mehr an der Thatsache zweifeln, daß selbst das koagulierte Albumen eine gewisse Quantität Ferment absorbiert und festhält, und zwar jedenfalls eine solche, welche für seine eigene Auflösung genügend ist.

Um nun festzustellen, wie viel Ferment das Albumen fixierte, brachte ich in jedes Probiergefäß (es waren deren vierzig) ein Stückchen Albumen, welches jedoch zu meiner großen Überraschung, selbst nachdem es mehrere Tage im Brütofen gestanden hatte, nicht verändert wurde; nur in einigen Probiergefäßen, welche Fibrin enthalten hatten, war eine Veränderung vorgegangen. Sodann brachte ich in alle diejenigen Probiergefäße, in denen das Albumen intakt blieb, eine kleine Fibrinflocke, um mich so wirklich zu vergewissern, daß keine Spur von Pepsin vorhanden war. Diese durch die Säure aufgelockerte Flocke blieb denn auch während mehrerer Tage vollständig erhalten.

Die Schlußfolgerung, welche sich aus diesen Thatsachen ergibt, ist eigentümlich genug; denn es gibt (unbestimmte) Umstände, unter denen das Albumen eine und auch zwei Stunden im Magen verweilen kann, ohne sichtlich verändert zu werden, trotzdem ein Ferment vorhanden ist, mit dem es sich imprägniert. Die Albumenstückchen behalten in diesen Fällen genau diejenige Quantität Ferment zurück, welche für ihre eigene Auflösung erforderlich ist. Es verhält sich jedoch nicht immer genau so; denn ich habe in einigen Fällen, in denen der Magensaft an Pepsin äußerst arm war, beobachtet, daß die Albumenwürfel nur eine für ihre Auflösung ungenügende Menge zurückbehielten, während wiederum in einigen Fällen eines sehr pepsinreichen Magensaftes sie mehr davon enthielten, als für ihre Auflösung erforderlich war, so daß nach beendigter Auflösung neue in das Gemisch gebrachte Albumenwürfel ebenfalls aufgelöst wurden. Dieser letzte Fall traf im allgemeinen an denjenigen Tagen ein, an denen die Peptogenisation gut gelungen war. Dessenungeachtet lege ich diesem Umstande kein Gewicht bei; denn er gibt uns offenbar nur ein Kriterium der Stärke des Gehalts der pepsinhaltigen Lösung und nicht der absoluten Menge des vorhandenen Pepsins. Diese Bemerkung gilt für alle Versuche in gleicher Weise, die außerhalb des

[1] Wir haben aus diesem Grunde die Würfel, welche unsere Sammlung bilden sollten, in allen folgenden Versuchsreihen in Alkohol aufbewahrt.

Magens mit Proben von durch die Fistel entnommenem Magensaft angestellt wurden, wie es Schiff in seiner letzten Veröffentlichung über
diesen Gegenstand angezeigt hat. Doch das Ergebnis unserer Versuche
ist auch in anderer Hinsicht wichtig: es liefert nämlich den strikten
Beweis, daß das Pepsin nicht durch einfachen Kontakt wirkt, daß eine
bestimmte Menge von Pepsin auch nur eine bestimmte Menge Albumen
auflösen kann, daß mithin das Pepsin durch die Ausübung seiner verdauenden Thätigkeit. vernichtet wird, und es werden somit der experimentelle Beweis Schiff's für dieses Faktum sowohl als auch die Wahr-
scheinlichkeitsgründe Grützner's hierdurch noch bekräftigt.

B. Ich stellte ferner eine hinlänglich große Anzahl von Versuchen
an, um die Schnelligkeit zu ermitteln, mit welcher der Magensaft die
koagulierten Albumenstücke durchdringt. Zu diesem Zwecke brachte ich
in jedes meiner Säckchen einen dicken Albumenwürfel von 10—12 mm
Kante, um ihn schichtweise untersuchen zu können. Die Resultate,
welche ich erhielt, waren folgende:

Nach Verlauf einer Stunde: Aussehen unverändert oder etwa der
Zustand beginnender Verdauung, in diesem letzteren Falle die Ecken ganz leicht
abgestumpft, die Oberflächen weniger gleichmäßig, scheinbar ein wenig gekörnt.
Ich zerschneide den Würfel und drücke die Halbierungsfläche auf eine mit neutral
reagierender Lackmustinktur durchtränkte Platte, es bleibt auf letzterer der Abdruck
eines Vierecks zurück, dessen Konturen scharf durch einen roten Strich von der
Dicke eines Millimeters ungefähr bezeichnet sind; die von den Konturen ein-
geschlossene quadratförmige Fläche sieht bläulich aus. Darauf entfernte ich mit
einem Skalpell die sechs äußeren Flächenschnitte des Würfels und brachte sie mit
ein wenig 2 °/oo Salzsäure in den Brütofen, sie wurden dort schnell verdaut.
Nach Verlauf von zwei Stunden: Die Ecken sind abgerundet, die
Oberflächen haben Ähnlichkeit mit denen eines von einer Säure angeätzten Marmor-
stückes und sind ein wenig erweicht, das Volumen hat sichtlich abgenommen und
macht nur noch ungefähr zwei Drittel aus; der zerschnittene Würfel wird auf ein
Lackmustäfelchen gebracht, es bleibt dort der Abdruck eines roten Quadrats zurück,
dessen scharf gezeichnete Begrenzungslinien eine Breite von ungefähr drei Milli-
meter haben und einen zentralen blauen Fleck einschließen; der letztere wird von
vier ungefähr geraden Linien begrenzt, es sind jedoch die Winkel sehr abgerundet.
Darauf trage ich zuerst die sechs äußern Flächenschnitte von ungefähr 1 mm
Dicke ab und sodann die sechs folgenden, sowohl die einen als die andern werden
in zwei Probiergefäßen in den Brütofen gebracht mit ein wenig 2 °/oo Salzsäure;
die ersten sechs werden schnell verdaut, die zweiten sechs dagegen bleiben während mehrerer Tage absolut intakt. Die Verdauung des zentralen Stückes, welches die dem Albumen eigene alkalische Reaktion be-
wahrt hatte, versuchte ich gar nicht zu bewirken. Wir haben somit in diesem
Falle eine äußere saure und pepsinhaltige Schicht und eine tiefer gelegene
und dickere nur saure Schicht, welche kein Pepsin enthält.
Nach Verlauf von drei Stunden: Das Volumen ist bis auf ein Drittel
vermindert, die Oberflächen sind sehr erweicht und bei der geringsten Berühr-
ung zerfallend; der zerschnittene Würfel hinterläßt auf dem Täfelchen einen in
seiner ganzen Ausdehnung roten, unregelmäßig viereckigen Fleck; auch diesesmal
sind es nur die äußeren Schichten, welche im Brütofen verdaut werden, der
Rest, das zentrale Stück bleibt, obwohl es sauer ist, während einer unbegrenzten
Zeit intakt.

Diese Beobachtungen scheinen mir zweierlei zu beweisen:
1. Der Magensaft dringt in die Tiefe der Albumenwürfel innerhalb der ersten Stunde ungefähr 1 mm, innerhalb der zweiten Stunde
3 mm ein.

2. Die Säure geht dem Pepsin voran und dringt viel schneller als das letztere gegen das Zentrum der Würfel vor.

Diese letzte Thatsache liefert einen neuen Beweis für die Anwesenheit einer freien Säure im Magensafte. Man gesteht gegenwärtig allgemein zu, daß die für gewöhnlich im Magen enthaltene Säure Salzsäure sei; Schiff hat nun durch entscheidende Versuche bewiesen, daß eine pepsinhaltige Flüssigkeit, um verdauend zu wirken, nicht nur mit der Salzsäure kombiniert sein, sondern daß auch ein Überschuß von freier Säure vorhanden sein muß. Oft habe ich die Anwesenheit dieses Überschusses von freier Säure in dem Magensaft des Hundes und des Menschen konstatiert durch die prachtvolle rotviolette Reaktion, welche er mit einer wässerigen Auflösung von Tropeolin O. O. gibt. Ich unterstreiche diese Worte; denn jene Methode ist bekanntlich die unvollkommenste und unsicherste; um so schwerwiegender ist jedoch ihre beweisende Kraft, wenn die Reaktion eintritt. Wenn sie dagegen nicht eintritt, so kann man deshalb nicht auf die Abwesenheit der freien Säure schließen; denn ich fand, daß die Gegenwart eines bestimmten Verhältnisses von Eiweißkörpern (die ja niemals im Magensaft fehlen) genügt, um das Eintreten der Reaktion zu verhindern. Während ich diese beiden neuen Beweise für die Gegenwart der freien Säure im Magensaft konstatierte, teilte Herr Ch. Richet der Akademie der Wissenschaften einen neuen Beweis für die wirklich existierende Kombination der Salzsäure mit dem Pepsin mit, den er mit Hilfe der Diffusionsmethode erlangt hatte: eine Mischung von Pepsin und Salzsäure diffundiert viel langsamer als die reine Salzsäure in derselben Verdünnung.

Die freie Säure ist jedoch nicht ein unbedingt erforderlicher Vorläufer des peptonisierenden Agens; um mich hiervon zu vergewissern, benutzte ich den natürlichen Magensaft, wie er aus der Fistel gewonnen wurde, so oft wir ihn spontan von neutraler Reaktion fanden, was von Zeit zu Zeit der Fall ist; da aber dieser Fall im ganzen genommen sehr selten eintritt, so machte ich Versuche, den normal sauer reagierenden Magensaft ad hoc mit ein wenig Soda zu neutralisieren. Ich überzeugte mich so, daß nach Verlauf von einer oder zwei Stunden ganz ebenso das Pepsin in die oberflächliche Schicht der Würfel eindringt — es schien mir jedoch die Imbibition langsamer vorzuschreiten und weniger tief gehend zu sein; denn die äußern Flächenschnitte der Würfel lösten sich bisweilen im Brütofen mit 2 $^0/_{00}$ Salzsäure sehr langsam, endlich aber doch vollständig auf. Die zentralen Stücke lösten sich niemals auf. — Das Pepsin dringt mithin, auch wenn die Säure fehlt, in die Albumenstücke ein.

Umgekehrt ist es selbstverständlich, daß die Säure auch in Abwesenheit des Pepsins eindringt, doch es war interessant festzustellen, ob die Albumenstücke, welche in einer pepsinhaltigen, sauren Flüssigkeit von mittlerer Konzentration verweilt haben, so wie es der Magensaft ungefähr ist, der mir alle bisher angegebenen Resultate lieferte, auch eine für ihre eigene Verdauung genügende Menge Säure absorbieren. Für mich war es a priori wahrscheinlich; denn die Albumenwürfel hatten sich zum Teil in meiner Mischung von gleichen Teilen

Glycerin und 5 %/oiger Borsäure aufgelöst. Unser Glycerin war von neutraler Reaktion, daher kein für die Verdauung günstiges Mittel. Von der
Borsäure weiß ich aus Versuchen, die ich noch in Florenz anstellte, daß sie
für das Pepsin nicht die Rolle einer Säure spielt; denn ein Mageninfus
in 5 %/o Borsäure verdaut nicht, solange es nicht mit Salzsäure ange-
säuert ist; deshalb war es auch wahrscheinlich, daß die Würfel unserer
ersten mißlungenen Sammlung selbst genug Säure enthielten, um für die
Einwirkung des Pepsins zugänglich zu sein, doch man mußte die Frage
durch direkte Versuche zur Entscheidung bringen. Ich machte nur eine
kleine Zahl von Beobachtungen, welche diese Frage betrafen, aber sie
alle sprechen sehr bestimmt zu Gunsten der bestätigenden Lösung. Ich
sah mehreremale Albumenstücke sich vollständig auflösen, welche ich, nachdem sie aus dem Magen herausgenommen und gut abgespült worden waren,
in einer sehr kleinen Menge Wasser in die Brütofen brachte; doch diese
Menge muß sehr klein sein, sonst verdünnt sie die anwesende Säure
zu sehr und die Verdauung tritt nicht ein.

Ich legte mir endlich angesichts dieser Resultate die Frage vor,
ob Albumenwürfel, welche eine oder zwei Stunden sich im Magensaft befanden, nicht zufällig alles für ihre eigene Verdauung Erfor-
derliche: Pepsin, Säure und Wasser enthielten. Ich brachte solche
Würfel, nachdem sie, um das Austrocknen zu verhindern, mit einer dicken
Schicht von Olivenöl bedeckt worden waren, welches sich mit ihnen nicht
mischt, in die Brütofen. Nach Verlauf einer genügend langen Zeit,
mindestens achtundvierzig Stunden, verwandelten sich die weißen, opaken,
resistenten Albumenstücke in ein zartes, vollständig durchsichtiges und
in Wasser lösliches Gelee. Man darf aber nicht aus der einfachen
Thatsache dieser Veränderung des Albumens, ja selbst aus seiner vollständigen, mehr oder weniger schnellen Auflösung auf eine wirkliche
Verdauung dieser Substanz, d. h. auf ihre Umwandlung in Pepton
schließen. In vielen Fällen habe ich auch in der That beobachtet, daß
die Umwandlung in Pepton sehr unvollständig war; denn ich erhielt einen
sehr reichlichen Neutralisationsniederschlag, der größte Teil des Albumens
befand sich daher in dem Übergangsstadium, welches als Parapepton
bezeichnet wird. Ich weiß nicht, was ich als die Ursache hiervon betrachten muß; wenn man jedoch bedenkt, daß einerseits in 2 %/oo Salzsäure das gekochte Albumen sich nicht auflöst (oder äußerst wenig),
daß es sich unter dem Einflusse des Pepsins auflöst und zu Pepton wird,
dann scheint mir die Annahme berechtigt zu sein, daß in denjenigen
Fällen, in welchen es sich schnell auflöst, ohne zu Pepton zu werden,
wir es mit einem dritten Agens der Magenverdauung zu thun haben, mit
einem Agens, welches auflösend, aber nicht peptonisierend,
höchstens parapeptonisierend wirkt[1].

---

[1] Fick glaubt ein ähnliches Resultat beobachtet zu haben, indem er eine
Infusion der Pylorusgegend des Magens verwendete.

III.

Zweite Reihe.

A. Untersuchung der im Magen enthaltenen Flüssigkeiten.

Morgens zwischen 6 und 7 Uhr wurde die ganze im Magen vorhandene Flüssigkeit herausbefördert, darauf spülte man den letzteren mit lauwarmem Wasser aus und entnahm wieder, wenn möglich, einige Minuten nachher den neuen Inhalt an Flüssigkeit. Der Mageninhalt wurde auch herausgenommen und eine bestimmte Anzahl Male, nämlich 1, 2, 3 und 5 Stunden nach dem Frühstück untersucht. Es war nicht immer leicht, gemischten Magensaft zu erhalten; denn in einigen Fällen gelang es nicht trotz aller Anstrengungen des Patienten etwas davon herauszubefördern. Morgens nüchtern enthielt der Magen gewöhnlich nur wenig Inhalt; an den Tagen, an welchen sich derselbe in Überfluß vorfand, hatte BAUD während der Nacht Milch oder etwas alkoholhaltige Flüssigkeit zu sich genommen. Während der ersten Stunden der Verdauung steht die Fülle des Inhalts zu dem Volumen der eingeführten Flüssigkeit in Beziehung. In der 5. Stunde fand sich stets ein sehr reichlicher Inhalt, ungefähr 300 bis 400 g; doch ist es allerdings richtig, daß BAUD sehr oft zwischen der 3. und 5. Stunde Milch oder eine andere Flüssigkeit trank.

Der erste Inhalt des Magens ist im allgemeinen eine genügend dicke, sehr fadenziehende, mehr oder weniger klare Flüssigkeit, welche dem Eiweiß ähnelt. Die während der Verdauung entnommenen Inhaltsmengen sind weniger dick, weniger fadenziehend; der um die 5. Stunde entnommene Inhalt ist trübe, wenig dicht und wenig oder gar nicht fadenziehend. Von 142 untersuchten Inhaltsmengen zeigten 107 eine gelbe oder grüne Färbung, die mehr oder weniger intensiv war und das Vorhandensein von Galle anzeigte. Nur 35 waren gar nicht oder durch die eingeführten Flüssigkeiten nur leicht gefärbt. Bemerkenswert ist, daß trotz dieser fast ständigen Anwesenheit von Galle im Magen die Verdauung nicht sichtlich gestört ist. BAUD's Körpergewicht stieg um 4 bis 5 kg während der letzten drei Monate, Beweis genug, wie gut die Verdauung war. Herr DANILEWSKI hatte auch die Güte, einige Analysen von Mageninhaltsmengen, welche in der ersten, zweiten und dritten Stunde der Verdauung entnommen wurden, auszuführen. Die erhaltenen Zahlen beweisen sehr genau, daß die Umwandlung in Pepton durch die Anwesenheit der Galle nicht behindert wird und daß sie immer von der ersten bis zur dritten Stunde ansteigt.

Ich teile die Resultate einiger Analysen des Herrn DANILEWSKI mit (s. Seite 34).

Wenn wir die beobachteten Mageninhalte nicht in ihrer Gesamtheit, sondern den vor der Ausspülung und die 1 Stunde, 2 Stunden, 3 Stunden und 5 Stunden nachher entnommenen besonders betrachten, so bemerkt man sofort, daß eine Art von Periodizität für das Eintreten der Galle in den Magen vorhanden ist. Während vor der Mahlzeit 90 % der Flüssigkeiten gallicht sind, erscheint die Galle während der zwei ersten Stunden der Verdauung nur 50 Mal auf hundert und in so geringer Menge, daß

		Trockener Rückstand	Albumen	Peptone und Salze	% Albumen	% Peptone und Salze
den 19. Januar	1. Stunde	0,2472	0,0709	0,1763	28,7	71,3
20 cc.	2. „	0,3065	0,0539	0,2524	17,6	85,4
Inhalt	3. „	0,3361	0,0395	0,2986	11,8	88,2
den 20. Januar	1. Stunde	0,2242	0,0708	0,1534	31,6	68,4
20 cc.	2. „	0,3880	0,0628	0,3252	16,2	83,8
Inhalt	3. „	0,2755	0,0327	0,2428	11,9	88,1
den 22. Januar	1. Stunde	0,3538	0,1298	0,2240	36,6	63,4
20 cc.	2. „	0,3040	0,0562	0,2480	18,4	81,6
Inhalt	3. „	0,2490	0,0374	0,2116	15,0	85,0

der Mageninhalt nur eine gelbliche oder grünliche Färbung zeigt. In der dritten Stunde sind die gallichten Mageninhalte wieder öfter vorhanden, 77 Mal auf hundert; in der fünften Stunde endlich findet sich dasselbe Verhältnis wie vor der Ausspülung, 90 % der Mageninhalte sind gallicht gefärbt. Es muß jedoch bemerkt werden, daß an denjenigen Tagen, an welchen BAUD während des Versuches trank, wodurch immer eine gewisse Quantität Flüssigkeit im Magen gehalten wurde, die Galle selten oder nur in kleiner Menge von der ersten bis zur dritten Stunde der Verdauung gefunden wurde. Besonders während dreier Versuchstage mit Bier zeigte sich von der ersten bis zur dritten Stunde keine Galle. Der Inhalt des Duodenums scheint mithin in einem bestimmten Moment der Verdauung die Nahrungsmasse aufzusuchen, es würde also eine Art von Wechselverkehr, von Gehen und Kommen des Duodenalinhalts in den Magen und des Mageninhalts in das Duodenum bestehen. Um sich die vollständige Leere des Magens zu sichern, spülte man ihn jeden Morgen sehr sorgfältig aus, später unterließen wir es zu thun, weil wir sehr oft anstatt eines reineren Magensaftes darauf einen Strom von fast reiner Galle in den Trichter hineinfließen sahen; es war mithin der auf diese Weise erhaltene Mageninhalt viel unreiner als der vor der Ausspülung gewonnene. Bisweilen beobachtete man, daß beim Entnehmen von Saft die anfänglich ungefärbte Flüssigkeit plötzlich intensiv gelb sich färbte; auch das Umgekehrte kam vor.

Die Acidität ist in Gewichtsmengen von H Cl für tausend Gramm Magensaft angegeben worden. Wenn man nun das Mittel von 87 Dosierungen feststellt, so findet man eine Acidität von 1,8 bis 1,9 %; diese Durchschnittszahl ist ein wenig höher als die von RICHET gefundene, nach welcher 1,7 die mittlere Acidität während der Verdauung und 1,1 im nüchternen Zustande ist. Ich begreife nicht, warum BIDDER und SCHMIDT nur 0,2 % als mittlere normale Acidität des menschlichen Magensaftes gefunden haben; denn in den Versuchen des Herrn stud. med. LEBESCHE, die später mitgeteilt werden sollen, war die mittlere Zahl noch höher als die angegebene. Stellt man die mittlere Zahl für die S t u n d e fest, so findet man v o r dem Frühstück 1,2; für die erste Stunde nachher 1,35; während der zwei folgenden Stunden 2,5; und endlich in der fünften Stunde ungefähr 2 %. Aus diesen Ziffern ergibt

sich, daß die Acidität während der ersten Stunden der Verdauung allmählich zunimmt und daß das Maximum ungefähr um die dritte Stunde
erreicht wird. Von diesem Augenblick an sinkt die Acidität wiederum stufenweise. Der Inhalt wurde zweimal neutral gefunden, zweimal
war die Acidität nur 0,2 °/oo gewesen, die höchste Acidität von 4,2 °/oo
wurde um die dritte Stunde der Verdauung beobachtet an einem
Tage, an welchem der Patient während des Versuches Rotwein getrunken hatte.

Bei Besprechung der Säure möchte ich mir folgende Abschweifung
erlauben: Seitdem Dr. Koch bewiesen zu haben glaubt, daß die Cholera
durch einen spezifischen Mikroben verursacht werde und daß eine Acidität,
welche der normaliter dem Magensafte zukommenden (2 °/oo) gleich ist, genüge, um den »Kommabacillus« zu töten, hat man von verschiedenen Seiten
über die Verwendung des Kochsalzes zur Zeit von Epidemien beratschlagt,
in dem Glauben, daß es dazu dienen würde, den Anteil der Salzsäure des
Magensaftes zu erhöhen und dadurch die Acidität des letzteren. Da ich
gute Gründe hatte, an dem angenommenen Effekt des Salzes zu zweifeln,
so beauftragte ich Herrn stud. med. W. Leresche, über diesen Punkt
einige Versuche an unserem Patienten anzustellen. Er nahm einen Teil
des Mageninhalts, bevor das Frühstück gegeben wurde, welches in 200 g
gekochtem Fleisch bestand; darauf entnahm er wieder die Mageninhalte
nach Verlauf von einer, zwei, drei und fünf Stunden und neutralisierte
sofort diese verschiedenen Flüssigkeiten durch Ätznatronlauge. Diese Versuche wurden während 13 Tagen im September 1884 angestellt. Während
der drei ersten Tage erhielt der Patient vor seinem Frühstück in Wasser
aufgelöstes Salz (10, 20 und 5 g). Die drei folgenden Versuche wurden
ohne Salz und zweimal ohne Bouillon angestellt; darauf folgten vier Tage,
an welchen er mit Bouillon Salz in immer steigender Menge bis zu 30 g
erhielt, die letzten drei Versuche endlich wurden mit Bouillon ohne Salz
gemacht.

Folgendes sind die in °/oo von H Cl berechneten Größen der Acidität
der analysierten Inhaltsmengen.

Tage mit Salz.

	11. Septbr. Wasser und 10 g Salz.	12. Septbr. Wasser und 20 g Salz.	13. Septbr. Wasser und 5 g Salz.	18. Septbr. Bouillon und 5 g Salz.	19. Septbr. Bouillon und 10 g Salz.	20. Septbr. Bouillon und 20 g Salz.	21. Septbr. Bouillon und 30 g Salz.
1) Vor dem Frühstück	2,6	2,9	2	2,3	2,4	0,97	2,2
2) 1 Stunde nach dem Frühstück	0,4	—0,16	0,15	2	1,1	0,57	0,15
3) 2 Stunden nach dem „	0,58	0,0	0,88	2,9	3,9	2,2	0,07
4) 3 Stunden nach dem „	1,97	0,5	1,8	2,2	2,7	2,6	0,0
5) 5 Stunden nach dem „	0,95	1,8	1,5	1	0,5	1,5	1,5
Mittlere Zahl pro Tag . . .	1,3	1,01	1,27	2,08	2,12	1,57	0,78

Tage ohne Salz.

	15. Septbr. Wasser.	16. Septbr. Bouillon.	17. Septbr. Wasser.	23. Septbr. Bouillon.	24. Septbr. Bouillon.	25. Septbr. Bouillon.
1) Vor dem Frühstück	1,46	0,78	3	2,3	2,3	2,4
2) 1 Stunde nach dem Frühstück . .	2,9	2,9	4,2	2,1	2,85	2,3 [1]
3) 2 Stunden nach dem „ . .	2,7	3,6	3,8	3	3,2	4,8
4) 3 Stunden nach dem „ . .	1,5	3,8	3	3,14	2,85	3,8
5) 5 Stunden nach dem „ . .	fehlt	1,97	1,3	1,5	1,65	0,91
Mittlere Zahl pro Tag	2,14	2,61	3,06	2,41	2,57	2,84

Hieraus ergeben sich folgende Durchschnittszahlen:

	1)	2)	3)	4)	5)	Gesamt-Mittel.
Für alle Beobachtungen	2,12	2,65	2,43	2,3	1,34	1,98
Tage mit Salz . . .	2,2	0,6	1,5	1,68	1,25	1,45
Tage ohne Salz . . .	2,04	2,88	3,52	3,01	1,47	2,6

Um jedoch den Einfluß des Salzes genau zu bestimmen, muß man die erste Reihe, welche sich auf den Mageninhalt vor der Mahlzeit bezieht, und die letzte, welche nur nichtssagende Differenzwerte aufweist, aus der Tabelle entfernen. Wenn man nun auch nur die Mageninhalte derjenigen drei Stunden berücksichtigt, welche auf die Mahlzeit folgen und natürlich a l l e i n dem Einflusse des Salzes unterworfen sind, so erhält man folgende mittlere Zahlen.

Tage mit Salz		Tage ohne Salz	
den 11. September	0,98	den 15. September	2,37
» 12. »	0,11	» 16. »	3,43
» 13. »	0,04	» 17. »	3,97
» 18. »	2,37	» 23. »	2,75
» 19. »	2,57	» 24. »	2,97
» 20. »	1,79	» 25. »	3,63
» 21. »	0,07		
Gesamtmittel der Tage mit Salz	1,26	Gesamtmittel der Tage ohne Salz	3,14

Der Säuregehalt, welcher während der ersten Stunden der Verdauung in gewohnter Weise wuchs, verminderte sich o h n e A u s n a h m e, sobald man Salz dem Frühstück hinzufügte. Diese Verminderung war um so beträchtlicher und dauerte um so länger an, je größer die Quantität des Salzes war. Bisweilen war die Verminderung so groß, daß die Säure gänzlich neutralisiert wurde; dies ereignete sich am 21. September drei Stunden nach dem Frühstück, und am 12. reagierte in der ersten Stunde der Mageninhalt sogar ein wenig alkalisch.

---

[1] Die Verringerung ist durch den Speichel verursacht, der sich damals im Magen vorfand und ein wenig Säure neutralisierte.

Wenn man diesen Zahlen den Säuregehalt von 4,2 und 4,8 °/oo gegenüberstellt, von denen der erstere am 17. September in der zweiten Stunde, der letztere am 25. September in der dritten Stunde festgestellt wurde, so scheint mir dieses ein genügender Beweis dafür zu sein, daß das Salz den Säuregehalt des Magensaftes nicht erhöht.

„Man könnte behaupten", sagt Herr LERESCHE, „daß das Salz während seines Aufenthaltes im Magen die Produktion von Salzsäure nicht begünstige, daß dieses aber dennoch geschehe, sobald es ins Blut übergegangen sei. Diese Annahme erscheint jedoch ebensowenig zulässig; denn in diesem Falle müßte für die Inhalte fünf Stunden nach dem Frühstück zwischen den Tagen mit Salz und denjenigen ohne Salz eine Säuregehalts-Differenz zu Gunsten der Tage mit Salz sich vorfinden; die oben gegebene Tabelle beweist vielmehr das Gegenteil. Die mittlere Zahl der Mittagsinhalte ist für die Tage, an denen Salz gereicht wurde, 1,25, während sie für die andern Tage 1,47 beträgt.

Auf die Pepsinsekretion scheint mir das Salz keinen Einfluß auszuüben, denn die Mageninhaltsmengen, welche in 2,5 °/oo Salzsäure auf 1 °/o verdünnt wurden, lösten ungefähr beide gleich viel koaguliertes Albumen auf.

Das Fehlen der Verdauung an den Tagen mit Salz ist also nur eine sehr große Verzögerung, die allein durch die Verminderung der Säure verursacht wurde; denn die Verdauung beginnt erst, wenn ein großer Teil des Salzes eliminiert worden ist. Von den ersten Beobachtungen an war ich erstaunt darüber, wieviel Schleim sich in denjenigen Inhalten vorfand, die den geringsten Säuregehalt besaßen. Der neutral reagierende Inhalt vom 23. September enthielt gar keine Flüssigkeit, sondern nur Schleim mit einigen Stücken Fleisch. Es würde sich also um eine große Hypersekretion handeln, die, durch eine Reizung der Schleimdrüsen veranlaßt, den Magensaft neutralisierte. Hierdurch würde sich auch erklären, warum bei den Beobachtungen des letzten Winters, bei welchen Salzklystiere gegeben wurden, so daß jede Reizung der Magenschleimhaut ausgeschlossen blieb, eine Verminderung des Säuregehalts des Magensaftes nicht bemerkt wurde.

Es könnte ja sein, daß abgesehen von der Hypersekretion von Schleim die Produktion der Säure ein wenig vermehrt ist, diese problematische Vermehrung ist aber jedenfalls so geringfügig, daß sie vollständig durch die überreichlichen Schleimmassen verdeckt wird.

Durch diese einfache Auseinandersetzung erkennt man den ungeheuren Einfluß des Salzes auf den Säuregehalt des Magensaftes. Die gereichten Mengen waren zweifellos sehr groß, kleinere Dosen würden einen viel schwächeren Einfluß ausüben, doch das Resultat wird immer, so klein es auch sei, das Gegenteil sein von dem, was man zu erreichen beabsichtigte, nämlich eine Erhöhung des Säuregehalts des Magensaftes."

Die Frage nach dem Pepsin- oder nach dem Propepsingehalt der aus dem Magen entnommenen Flüssigkeiten ist viel komplizierter, als sie auf den ersten Anblick zu sein scheint, und zwar nicht nur deshalb, weil diese Flüssigkeiten sehr variabele und sehr unreine Gemenge sind, sondern besonders auch deshalb, weil wir unglücklicherweise kein sicheres Mittel besitzen, um in einem gegebenen Gemenge das Propepsin von dem definitiven Pepsin zu trennen. Das Schlimmste aber ist, daß die Bedingungen der Acidität, der Verdünnung und der Temperatur, unter die wir das Gemenge bringen müssen, um in ihm die Gegenwart von Pepsin konstatieren zu können, genau diejenigen sind, welche im höchsten Grade die schnelle Umbildung des Propepsins in definitives Pepsin begünstigen. Höchstens können wir aus der Schnelligkeit der Verdauung während der ersten Zeit des Aufenthalts im Brütofen mit einer gewissen Wahrscheinlichkeit schließen, welche der beiden Substanzen in unserem Gemenge vorwaltete.

Die Mageninhaltsmengen sind von einer äußerst verschiedenen Dichtigkeit und oft so dicht, daß sie weder Albumen, noch Fibrin verdauen; wir haben daher ein für allemal das Verfahren adoptiert, sie immer unmittelbar nach ihrer Herausnahme aus dem Magen mit dem zehnfachen ihres Volumens 2 °/oo Salzsäure zu verdünnen, sie unmittelbar eine Fibrinflocke verdauen zu lassen und sie darauf mit Würfeln von gekochtem Albumen, die stets von derselben Größe und Anzahl waren, in den Brütofen zu bringen.

Entscheidende Resultate waren von dieser Versuchsreihe nicht zu erwarten, da sie nicht von dem eigentümlichen Fehler frei ist, der allen Versuchen mit aus dem Magen entnommenen Flüssigkeiten anhaftet: denn man hat zwar ein Mittel, um die in der untersuchten Flüssigkeitsmenge enthaltene Quantität Pepsin zu bestimmen, kein Mittel aber, um festzustellen, welchen Bruchteil des gesamten Mageninhalts die untersuchte Menge ausmacht, und selbst wenn man dieses in Erfahrung brächte, so könnte man hieraus nichts schließen, da ein unbekannter Teil des Mageninhalts sich in jedem Augenblick in den Darm ergießen und eine unbekannte Quantität des Darminhalts in den Magen aufsteigen kann. Etwas anderes ist es, wenn man den Gang jedes einzelnen Verdauungsaktes im Innern des Magens beobachtet. Diese ungleichmäßigen Schwankungen des Pepsingehalts der im Magen enthaltenen Flüssigkeiten kompensieren und neutralisieren sich gegenseitig, so daß das Resultat nur den mittleren Pepsingehalt während der Stunden der Beobachtung anzeigt. Ich werde daher auch die Details der Beobachtungen nicht mitteilen und nur im großen und ganzen über das Ergebnis berichten.

1. Der morgens bei nüchternem Magen entnommene Inhalt löste sein Fibrin langsamer auf als die andern Inhaltsmengen; hierdurch wird bewiesen, daß der erstere weniger Pepsin enthält als diese letzteren.

2. Die verdauende Kraft des im nüchternen Zustande entnommenen Mageninhalts erhöhte sich oft, wenn der Inhalt bis zum folgenden Tage aufbewahrt wurde, während diejenige der nach dem Mahle entnommenen Mageninhaltsmengen sich nicht erhöhte; hieraus ergibt sich, daß der erste Magensaft des Morgens Propepsin enthält, die anderen dagegen definitives Pepsin.

3. Wenn wir die Verdauung im Brütofen erschöpften, indem wir während mehrerer hintereinander folgender Tage ergänzende Dosen Wasser, Säure und Albumen unsern schon auf 1 : 10 verdünnten Flüssigkeiten zusetzten, so verdaute fast immer der morgens nüchtern entnommene Mageninhalt die größten Quantitäten; hieraus ergibt sich, daß er viel Propepsin enthält.

4. An denjenigen Tagen, an welchen man keine Peptogene gab, wurde die Verdauung im Brütofen schneller und ausgiebiger in den successive während der ersten, zweiten und dritten Stunde nach der Mahlzeit entnommenen Proben, während an denjenigen Tagen, an welchen man vor der Mahlzeit Peptogene gab, die Verdauung von der ersten Stunde an ihr Maximum erreichte und darauf in der Mehrzahl der Fälle im weiteren Fortgang abnahm — bisweilen erhielt sie sich selbst nach drei Stunden noch auf der anfänglichen Höhe. Die Kurve der Verdauung war im ersten Falle ziemlich steil ansteigend infolge der allmählichen Bildung des Pepsins, sie war im zweiten Falle leicht abfallend, weil dank dem Einfluß der Peptogene eine große Quantität Pepsin von Anfang an vorhanden war.

B. Gang der Verdauung im Innern des Magens.

Von den zahlreichen Versuchen, welche angestellt wurden, um den Einfluß der Peptogene auf den Gang der Verdauung im Innern des Magens festzustellen, werde ich nur summarisch gegen dreißig mitteilen. Ich bitte den Leser, sich daran zu erinnern, daß die Ergebnisse viel weniger klar sind als diejenigen, welche man mit der größten Leichtigkeit und Konstanz an Tieren erlangt, und zwar wegen der ungünstigen Umstände, welche ich bereits angab, außerdem aber auch deshalb, weil die Gefräßigkeit des Patienten und seine Passion für Getränke im allgemeinen und für alkoholische Getränke im besondern sehr oft unsere Beobachtungen störend kreuzten. Sehr oft z. B. trank er des Nachts heimlich Milch und gestand sein Zuwiderhandeln nur ein, wenn die Beweise dafür ganz unbestreitbar waren. Der Magen war in diesen Fällen durch die Verdauung der Milch mehr oder weniger peptogenisiert und die Verdauung hatte ohne Hinzufügung von Peptogenen während dieser Tage einen zu hohen Wert. Trotz aller dieser Übelstände ist der Einfluß der gereichten Peptogene in zwölf von dreißig Fällen, um welche es sich hier handelt, so evident gewesen, daß ihre Wirksamkeit nicht mehr bezweifelt werden kann. Die Differenz springt in die Augen für jeden, der unsere Sammlung von in Alkohol aufbewahrten Albumenwürfeln untersucht, und niemand kann sie verkennen; in einer einfachen Beschreibung freilich wird sie notwendigerweise weniger frappant sein.

Eine Reihe vorläufiger Beobachtungen hat uns gezeigt, daß während drei Beobachtungsstunden die in den Seidennetzen befindlichen Albumenwürfel im Mittel auf die Hälfte ihres Volumens vermindert werden, wenn die Verdauung normal ist und nichts sie verlangsamt oder beschleunigt — z. B. das Fehlen von Säure oder die Anwesenheit der Peptogene. Wenn der Säuregehalt normal ist ($2^o/_{oo}$ ungefähr) und wenn das Volumen unserer Würfel 100 repräsentiert, dann ist der normale Verlauf ihrer Abnahme folgender: Erste Stunde 0—5 %; zweite Stunde 20—25 %; dritte Stunde 50 %.

Nachdem diese bestimmten mittleren Zahlen einmal gut festgestellt sind, geben wir an drei aufeinanderfolgenden Tagen als Peptogen: am 6. Februar 300 g Kraftbrühe, wie sie im Handel zu haben ist. Ergebnis: Erste Stunde 0; zweite Stunde 30 %; dritte Stunde 60 % (normale Acidität). Am 7. Februar: Wiederholung desselben Versuches. Ergebnis: Erste Stunde 10 %; zweite Stunde 50 %; dritte Stunde 80 % (Acidität größer als die mittlere). Am 8. Februar: 250 g gute frische Fleischbouillon, ohne Salz, eine Stunde vor dem Frühstück (Acidität normal). Ergebnis: Erste Stunde 40 %; zweite Stunde 70 % o; dritte Stunde 95 %.

Es folgen zwei Ruhetage.

Am 11. Februar ergibt die Verdauung ohne Peptogene: Erste Stunde 0; zweite Stunde 30 %; dritte Stunde 60 % (Acidität stark). Während der drei folgenden Tage geben wir eine Stunde vor der Mahlzeit ein Klystier von 300 g Fleischbouillon ohne Salz; am ersten Tage bleibt die Verdauung unter der mittleren Höhe, sie ergibt nur 0 %, 10 % und 40 %, obwohl die Säure nicht fehlt; wir vermögen nicht zu eruieren, welches die Ursache dieser Unregelmäßigkeit sei.

Die zwei andern Tage ergeben: Den 13. Februar. Erste Stunde 15 %; zweite Stunde 40 %; dritte Stunde 70 %. Den 14. Februar. Erste Stunde 10 %; zweite Stunde 40 %; dritte Stunde 70 %.

Dieses Resultat ist um so wichtiger, da am 13. die Acidität des Magensaftes erheblich stärker, am 14. dagegen merklich geringer war als die mittlere, hierdurch wird die Unabhängigkeit unserer Ergebnisse von den Variationen der Acidität klar bewiesen. KÜHNE und WUNDT glaubten, daß das Dextrin in den Versuchen von SCHIFF wirkte, indem es die Säure vermehrte, man sieht jedoch, daß diese rein theoretische Annahme ein Irrtum ist, da wir ein anderes Peptogen als das Dextrin verwendeten und dieses trotz der Verminderung der Acidität seinen Effekt erzeugte.

Es folgen vier Ruhetage. Am 20. Februar nehmen wir die Beobachtungen wieder auf, doch es kommen während mehrerer Tage Unregelmäßigkeiten aller Art vor. Am 20. geben wir das „Frühstück“ ohne Peptogene, doch die Verdauung ergibt 5, 50 und 70%; der Patient gesteht, während der Nacht Milch getrunken zu haben. Am 21. geben wir eine Stunde vor dem Frühstück 30 g Traubenzucker in 300 g Wasser. Obgleich der Traubenzucker kein Peptogen ist, erhalten wir dieses Mal dennoch 5, 40 und 70%. Wahrscheinlich hat BAUD des Nachts wiederum irgend etwas zu sich genommen. Am 22. geben wir 15 g Kochsalz in 300 g Wasser eine Stunde vor der Mahlzeit. Ergebnis 10, 30 und 40%, mithin eine im Anfange beschleunigte, am Ende verlangsamte Verdauung; der Säuregehalt ist im Beginn äußerst schwach gewesen, stärker nachher. Dieser Versuch spricht weder für, noch gegen die Idee GRÜTZNER's, daß das Salz die Pepsinsekretion beschleunige und verstärke. Am 23. geben wir 30 g schwefelsaure Magnesia in 250 g Wasser eine Stunde vor der Mahlzeit; Acidität zuerst schwach, darauf normal; Verdauung 5, 10 und 30%.

Drei Ruhetage. Dann am 27. eine Stunde vor der Mahlzeit 30 g Traubenzucker in 300 g Wasser. Magensaft in der ersten Stunde nach der Mahlzeit neutral, später wird es unterlassen, die Acidität zu bestimmen; Verdauung: 5, 20 und 50%.

Am 28. eine Stunde vor der Mahlzeit 15 g Kochsalz in 200 g Wasser als Klystier; Acidität eine Stunde nach der Mahlzeit keine; später erheblich schwächer als die mittlere; Verdauung 0, 10, 30%.

Am 29. eine Stunde vor der Mahlzeit 15 g Dextrin in 250 g Wasser als Klystier; Acidität normal, Verdauung 5, 10, 50%.

Am 1. März Klystier von 100 g Bouillon zwei Stunden vor der Mahlzeit; eine Stunde später 300 g Bouillon durch die Fistel eingebracht. Acidität stark; Verdauung 10, 30, 70%. Da dieses ein verhältnismäßig schwaches Resultat ist, so setzen wir für 3 Tage aus.

Am 5., 6. und 7. März geben wir eine Stunde vor der Mahlzeit 20 g Dextrin in 250 g Wasser; die Acidität wird nicht gemessen; die Verdauung gibt:

Erste Stunde 10%; zweite Stunde 40%; dritte Stunde 80%.
10%   40%   80%.
5%   40%   75%.

Am 8. und 9. März gewöhnliches Frühstück (Albumen und Wasser); Acidität ein wenig stärker als die normale, Verdauung

0   30   65
und   5   30   60

Am 11. März ein Glas Weißwein eine Stunde vor der Mahlzeit, den Rest der Flasche nach und nach per os, innerhalb 3 Stunden Beobachtung. Acidität nicht gemessen; Verdauung 0, 20, 55%.

Am 12. März 300 g schwarzer Kaffee mit dem Frühstück und ungefähr ebensoviel eine und zwei Stunden nachher; Acidität normal; Verdauung 5, 50, 70% (SCHIFF hatte schon dieses Mittel als Peptogen in seinem Werke von 1867 angegeben.)

Am 13., 14., 15. und 17. März geben wir mit dem Frühstück Rotwein, Thee, Marsala, Cognac; Verdauung:

0   20   55
0   30   60
5   35   60
0   20   50

Hieraus ergibt sich, daß diese Substanzen fast nichts an dem normalen mittleren Verlauf der Verdauung ändern. Ich bin aber überzeugt, daß in einem weniger reichlich Pepsin produzierenden Magen der Rotwein die Verdauung merklich gehemmt haben würde.

Am 18. und 19. März geben wir eine Stunde vor dem Mahle ein Klystier von 20 g Kochsalz in 250 g Wasser. Diese beiden Beobachtungen sind sehr wichtig; denn die Acidität ließ nichts zu wünschen übrig, am 19. war sie selbst sehr hoch, trotzdem gehört die Verdauung dieser beiden Tage zu den langsamsten und schwächsten Verdauungen, die wir beobachteten; nachstehend die betreffenden Zahlen:

0   10   30
0   0   30

Auf Grund dieser Ergebnisse, welche ich in den darauffolgenden Beobachtungen noch mehrere Male erhielt, ist es mir unmöglich, der Ansicht Grützner's beizustimmen, welcher glaubt, daß das Kochsalz die Pepsinsekretion in Thätigkeit setzt, während er diesen Einfluß dem Dextrin abspricht. Trotzdem würde ich nicht behaupten wollen, daß das direkt ins Blut injizierte Salz in kleiner Menge (so hat es nämlich Grützner angewendet) nicht den fraglichen Einfluß ausüben könne. Denn warum sollte es nicht der Ausgangspunkt einer Reihe von Veränderungen in der Blutmasse sein, die denjenigen analog sind, welche die Peptogene hervorrufen, und warum sollte es nicht hierdurch zuletzt zu einer schnelleren und ausgiebigeren Umbildung des Propepsins führen? Da Salz im allgemeinen den Stoffwechsel beschleunigt, so ist dies nicht unwahrscheinlich; man muß nur erklären, warum in unsern Beobachtungen die Einführung von Salz per fistulam oder per anum immer den entgegengesetzten Effekt erzeugte, nämlich eine merkliche Verminderung der Verdauung, selbst dann, wenn die Acidität auf der normalen Höhe war.

Nachdem wir so konstatiert haben, daß die Absorption (vom Magen oder vom Rektum aus) eines guten Peptogens (Bouillon, Dextrin) die Verdauung im Innern des Magens regelmäßig beschleunigt und daß dieses unabhängig von jeder Vermehrung der Acidität und trotz der so häufigen Anwesenheit des Duodenalinhalts erfolgt, will ich durch folgenden statistischen Auszug unserer Beobachtungen das für uns bei weitem interessanteste Ergebnis derselben noch deutlicher hervortreten lassen.

Das Volumen des in den drei Seidennetzen enthaltenen Albumens, welche wir nach Verlauf von einer, zwei und drei Stunden herauszogen, war mehr oder weniger verkleinert, diese Verminderung nahmen wir zum Maß für die mehr oder weniger große Aktivität der Verdauung und somit auch für die mehr oder weniger große Menge des in dem Magensaft vorhandenen Pepsins oder für die Größe des Einflusses der beigebrachten Peptogene.

Die beobachtete Verminderung hat nun folgende Zahlen ergeben.

Nach Verlauf von einer Stunde:

0% 12 mal, nur 2 Tage mit Peptogenen,
5% 11 „ 3 „ „ „
10% 6 „ 5 Tage mit Peptogen und 1 Tag mit Salz,
15% 1 „ 1 Tag mit Peptogen,
40% 1 „ 1 „ „ „

Nach Verlauf von zwei Stunden:

0% 1 mal, ein Tag mit Salz, gegeben als Klystier,
10% 5 „ zwei Tage mit Peptogenen,
20% 5 „ die Tage ohne Peptogene,
30% 9 „ darunter sieben Tage mit Peptogenen,
35% 1 „ ohne Peptogene,
40% 6 „ nur 1 Tag ohne Peptogene,
50% 3 „ 1 Tag ohne Peptogene, aber ein Tag, an dem Baud während der Nacht Milch trank,
70% 1 „ 1 Tag, an dem frische Fleischbouillon per fistulam eingeführt wurde.

Nach Verlauf von drei Stunden:

30% 4 mal, der eine Tag mit schwefelsaurer Magnesia, und 3 Tage, an denen Salz per fistulam oder per anum zugeführt wurde,

40°/₀ 2 mal, 1 Tag mit Peptogenen und 1 Tag mit Salz,
50°/₀ 6 „ ohne Peptogene,
55°/₀ 2 „ „ „
60°/₀ 5 „ 1 Tag, an dem zum erstenmale Kraftbrühe versucht wurde,
65°/₀ 1 „ ohne Peptogene, aber mit während der Nacht getrunkener
Milch,
70°/₀ 6 „ nur 1 Tag ohne Peptogene, aber auch mit während der Nacht
getrunkener Milch.
75°/₀ 1 „ (Dextrin per fistulam),
80°/₀ 3 „ 1 Tag mit dem zweiten Versuch der Kraftbrühe des Handels, die
andern beiden Tage mit Dextrin per fistulam,
95°/₀ 1 „ (frische Fleischbouillon per fistulam).

Es ist hinreichend klar, daß der größte Teil der minima auf die
Tage ohne Peptogene fällt, besonders auf die Tage mit Salz, während
der größte Teil der maxima gerade auf die Tage mit Peptogenen kommt;
die Differenz würde sicherlich noch schärfer sein, 1. wenn wir es mit
einem Individuum mit weniger üppiger Pepsinsekretion zu thun
gehabt hätten, 2. wenn wir bei ihm das System des Vorbereitungsmahles hätten zur Anwendung bringen können, 3. wenn unser Patient
nicht oft heimlich während der Nacht Milch getrunken hätte (er gestand es
nur zu, wenn er es nicht mehr ableugnen konnte), 4. wenn er nicht
einige kleine Allgemeinstörungen gehabt hätte, die sicherlich zwei oder
dreimal die Thätigkeit der Peptogene gestört haben, und wenn 5. endlich wir unsere Beobachtungen auf 4 Stunden, anstatt auf 3 Stunden
hätten ausdehnen können. Wenn wir nun aus allen unsern Ergebnissen
die mittleren Werte erhalten wollen, so müssen wir, meiner Ansicht nach,
um korrekt zu verfahren, einige der Beobachtungen unberücksichtigt lassen
oder sie unter eine andere Kategorie bringen. Am 20. Februar z. B.
hat sich der Patient durch Trinken von Milch während der Nacht selbst
peptogenisiert; dieser Tag muß mithin unter die Tage mit Peptogenen
gerechnet werden. Bei der zwölfmaligen Anwendung der Peptogene wurde
dreimal keine Wirkung beobachtet, einmal ohne erkennbare Ursache, die
zwei anderen Male wegen der äußerst kleinen Menge Flüssigkeit, welche
im Magen vorhanden war, und wegen der großen Menge Galle, die er
enthielt; diese drei Beobachtungen müssen mithin außer Rechnung bleiben.
Auch der 21. Februar muß unberücksichtigt bleiben, denn Traubenzucker
erzeugt niemals eine solche Wirkung auf die Verdauung, der Patient hat
sicherlich wiederum heimlich etwas vor dem Versuche zu sich genommen.
Auch der 23. Februar darf nicht mitgerechnet werden wegen des salini-
schen Abführmittels, welches der Patient an diesem Tage nahm, und ebenso
der 28. wegen Mangels an Säure, ohne welche die Verdauung unmöglich ist.
Die so rektifizierten 30 Beobachtungen, um welche es sich hier handelt,
ergeben folgende mittlere Werte:

Dauer der Verdauung.	°/₀ Verdautes Albumen	
	ohne Peptogene	mit Peptogenen
1 Stunde	2,33°/₀	12°/₀
2 Stunden	23,66°/₀	45°/₀
3 Stunden	51,00°/₀	76°/₀

Diese Zahlen lassen keinen Zweifel zu über die Wirksamkeit der
Peptogene als Mittel, die Verdauung im Innern des lebenden Magens
wirksamer zu machen, und zwar in dem Sinne, daß dieselbe Menge
Albumen in kürzerer Zeit, oder in derselben Zeit eine größere Menge
Albumen verdaut wird. Beides kann aber nur die Folge einer reich-
licheren Pepsinsekretion sein. Unsere Beobachtungen am Men-
schen bestätigen mithin vollständig die seit langer Zeit von SCHIFF an
Tieren erhaltenen Ergebnisse.

Dritter Teil: Anwendung.

In dem vorigen Abschnitt wurde auf das evidenteste bewiesen, daß
ein schon vorhandener Überschuß von Peptogenen, oder einige Zeit vor der
Mahlzeit eingeführte Peptogene, selbst bei einem gesunden Menschen mit
normaler und vorzüglicher Verdauung in auffälliger Weise die Magenverdauung begünstigen.

Hieraus ergibt sich, daß dieser Einfluß noch viel deutlicher in
denjenigen Fällen zu Tage treten muß, in welchen die Magenverdauung
zu wünschen übrig läßt; es darf jedoch natürlich die Störung nicht
derartig sein, daß sie die Produktion des Magenfermentes, des Propepsins
in den Magendrüsen, aufhebt, — was übrigens nur in fieberhaften Krankheiten vorkommt.

Wir wollen uns nun mit der Verwendung der Peptogene zu hygienischen und therapeutischen Zwecken beschäftigen.

Ich erinnere zuerst an das, was ich im ersten Abschnitt sagte bei
Erwähnung der zufälligen Indigestion, wie ich diesjenige Übel bezeichnen
möchte, welches von der Quantität oder Qualität der genossenen Nahrungsmittel herrührt; der Mensch versetzt sich infolge von Unachtsamkeit
oder Gefräßigkeit in den Zustand vorübergehender Apepsie, in welchen
wir die Hunde mit Hilfe eines reichlichen Vorbereitungsmahles versetzen.
Wie nun die Einführung von Peptogenen die Verdauung beim Hunde wieder
in Gang bringt, ebenso hebt sie auch beim Menschen schnell die Indigestion
auf; eine gute Tasse Bouillon genügt, um das Übel zu beseitigen, viele
Menschen können auch, wenn sie jenes Mittel vor und nach der Mahlzeit gebrauchen, Nahrungsstoffe vollständig verdauen, welche ohne jenes
Mittel für sie unverdaulich — und folglich schädlich — sind.

Ich glaube, daß eine gewisse, durch Erschöpfung der disponibeln
Peptogene erzeugte Apepsie häufiger vorkommt, als man glaubt; es sind
nur besondere Umstände erforderlich, um sie als solche zu erkennen.
Die folgende Beobachtung, welche ich an mir selbst machte, wird besser
als lange Erklärungen deutlich machen, was ich darunter verstehe: Im
Beginne meines Aufenthaltes zu Florenz nahm ich wie gewöhnlich täglich
drei Mahlzeiten zu mir: Milchkaffee des Morgens, Gabelfrühstück zu
Mittag, Diner um sechs Uhr abends. Als ich nun Assistent bei Herrn
Professor SCHIFF wurde, mußte ich auf diese Gewohnheit Verzicht leisten;
denn es wurde den ganzen Tag hindurch gearbeitet, und es blieb somit
keine Zeit übrig, um essen zu gehen. Anfangs quälte mich der Hunger

sehr, ich aß mehr des Abends und zog mir einige Indigestionen zu;
sehr schnell lernte ich jedoch die Magenbeschwerde dadurch beseitigen,
daß ich des Nachts eine Tasse Bouillon zu mir nahm oder ein wässe-
riges Infus von Brotrinde trank, welches dextrinhaltig ist, und ich beobachtete mehr als einmal, daß ich am folgenden Tage weniger vom
Hunger gequält wurde. Das Peptogen hatte eine Verdauung der sonst
überschüssigen Nahrungsmittel bewirkt. Später gewöhnte ich mich morgens mit dem Kaffee zwei fast harte Eier zu essen, denn wenig gekochte
finde ich nicht schmackhaft. Diese detaillierten Angaben erscheinen dem
Leser gewiß lächerlich, und dennoch haben sie ihre Wichtigkeit: Die über-
mäßige Sommerhitze gab mir zu einer Abänderung meines Morgenmahles
Veranlassung, die ich von vielen andern befolgt sah: ich wollte mit den Eiern
anstatt des Kaffees ein wenig mit Wasser verdünnten Rotwein nehmen.
Doch sehr schnell hatte ich mir eine sehr starke Indigestion zugezogen mit
heftigem Erbrechen und Ohnmachtsanwandlungen. Der Grund hiervon war
leicht zu erkennen: man mußte zugeben, daß die Abendmahlzeit die verdauende Kraft meines Magens erschöpfte und ihn in einen apeptischen Zustand versetzte. Ich würde diese Thatsache vielleicht niemals beobachtet
haben, wenn ich auch fernerhin des Morgens ein Mahl zu mir genommen
hätte, das eine große Menge peptogener Substanzen enthielt und von
Stoffen frei war, die die Verdauung der Albuminoide hemmen, wie sie
sich in dem dunkeln toskanischen Wein vorfinden. Ich stellte Versuche
über die Wirkung des Weines an und sah, daß man bei Zusatz von
ein wenig Rotwein mit einem Teil eines Mageninfuses keine Verdauung von gekochtem Albumen erhält, während derjenige Teil des
Mageninfuses, welchem kein Wein oder nur ein wenig Weißwein bei-
gemengt war, wie gewöhnlich verdaute, oder nur ein wenig langsamer.
Im Magen kann natürlich der Wein nicht gänzlich die Verdauung aufheben, weil er dort nicht bleibt, sondern absorbiert wird, er kann vielmehr nur den Anfang der Verdauung verzögern. Ich bin überzeugt, daß
ich nach vollendeter Absorption des Weines wieder verdauen gekonnt
hätte, wenn in meinem Magen eine genügende Quantität Pepsin vorhanden
gewesen wäre; da aber dieses fehlte, blieb das Albumen unverändert und
wartete auf die Bildung des Pepsins, dieses letztere jedoch war wiederum
von dem Auftreten von Peptogenen im Blut abhängig. Wenn man bedenkt, daß in dem Magen eines Hundes oder einer Katze, welcher absichtlich durch ein Vorbereitungsmahl erschöpft wurde, die Verdauung
einer neuen, selbst peptogenhaltigen Mahlzeit erst ungefähr eine Stunde
nachher beginnt, so leuchtet es ein, daß ich mehr als genügend Zeit
hatte, um die Wirkungen einer mechanischen Reizung des Magens durch
anwesende, unverdaute Teile zu verspüren; denn solche Wirkungen waren
die Magenschmerzen, das Erbrechen, die Ohnmachtsanwandlungen. Ich
vertrug ohne jede Beschwerde das neue Regime, als ich allmorgentlich
vor dem Genuß der Eier eine Tasse kalte Bouillon trank.

Es scheinen bei dem gesunden Menschen große individuelle Diffe-
renzen in bezug auf den Reichtum der Pepsin-Produktion zu bestehen;
denn wir sahen, daß bei BAUD der Rotwein die Verdauung nicht zu
hemmen vermochte. Überschreitet die Geringfügigkeit dieser Produktion

bestimmte Grenzen, dann bildet sie eine mehr oder weniger schwere Krankheit. Oft genügt es schon, den Rotwein durch Weißwein, welcher weniger Tannin enthält, oder den Weißwein durch Bier zu ersetzen, um die Verdauung wieder in guten Gang zu bringen; andere Male genügt das nicht, und man muß alsdann zu der systematischen Anwendung von Peptogenen seine Zuflucht nehmen. Es handelt sich in diesen Fällen um verschiedene Formen von Dyspepsie; es ist dieses eine Krankheit, welche nicht durch die gänzliche Abwesenheit, sondern durch die Unzulänglichkeit des vom Magen secernierten peptischen Saftes charakterisiert ist, sie hat mithin mit den katarrhalischen und nervösen Affektionen des Magens nichts gemein. Sie wird besonders ex juvantibus erkannt, wie es schon Schiff in seinem großen Werke von 1867 sagte; die »juvantes« sind die Peptogene; man kann sie immer unbesorgt versuchen, denn sie stiften in keinem Falle Schaden. Ich resümiere hier einige Fälle von Heilungen oder Besserungen, welche durch den Gebrauch der Peptogene erlangt wurden und welche ich der 29. Vorlesung der »Physiologie der Verdauung« von Schiff entnehme.

1) Ein Mann von 40 Jahren litt seit 3 Monaten an einer Verdauungsstörung, er klagte nach der Mahlzeit über folgende Beschwerden: Gefühl der Völle, allgemeine Mattigkeit, Schwere in den Gliedern, oft Kopfschmerz und saures Aufstoßen, das fünf Stunden lang anhielt, Leib ein wenig aufgetrieben, Lippen blaß. Keine Schmerzen im Epigastrium, keine Übelkeit, Stuhlgang regelmäßig, kein Fieber; er fühlt sich zwischen den Mahlzeiten wohl. Die Dauer seines Übels, wegen dessen er sich vergebens verschiedenen Behandlungen unterwarf, hat ihm die Ernährung verleidet, und seine Kräfte haben hierdurch gelitten.

Schiff berücksichtigte den Umstand, daß die Übelkeit nur während der ersten fünf Stunden nach Einführung des Mahles vorhanden ist, und schloß infolgedessen nicht auf eine Abwesenheit, aber auf eine Unzulänglichkeit eines wesentlichen Agens der Verdauung, oder vielleicht auf das Bestehen eines Katarrhs, welcher das Verdauungsgeschäft beeinträchtigt. Die Säure fehlte nicht, denn sie verriet sich durch den Geschmack während des Aufstoßens. Ein katarrhalischer Zustand war wenig wahrscheinlich, denn er würde sich nicht ausschließlich im Anfange des Verdauungsgeschäftes geltend gemacht haben; es war mithin viel wahrscheinlicher, daß eine Unzulänglichkeit des Pepsinsaftes im Anfange der Verdauung vorhanden war.

Schiff riet dem Kranken, zwei Stunden vor seinem gewohnten Mahle eine starke Tasse Bouillon zu trinken. — Nach Verlauf von vier Tagen war die Übelkeit verschwunden. Der Patient setzte den Gebrauch der Bouillon während zwei oder drei Wochen fort, seine Kräfte fanden sich wieder und nach Verlauf einiger Zeit war er vollständig geheilt.

2) Ein Mann von kräftiger Konstitution konnte seit mehreren Monaten keine Speise mehr zu sich nehmen, ohne sogleich ein quälendes Gefühl von Übelkeit zu verspüren, ja oft war auch wirkliche Brechneigung vorhanden, namentlich oft während der ersten Stunden der Verdauung, doch zum wirklichen Erbrechen kam es nicht. Die Übelkeit hielt während der übrigen Zeit des Tages, wenn auch in mäßigerem Grade an,

und selbst während der Nacht war sie vorhanden, wenn der Schlaf aus irgend einem Grunde unterbrochen war. Sie machte sich des Morgens beim Erwachen wieder fühlbar und war darauf bis zur Mahlzeit verschwunden. Der Kranke ißt nur soviel, als zur Beschwichtigung des Hungers erforderlich ist, der Stuhlgang ist ein wenig träge, es besteht jedoch keine Stuhlverstopfung, die Regio epigastrica ist gegen Druck unempfindlich.

SCHIFF verordnete eine Dextrinlösung — 100 g in 200 g Wasser — in kleinen Dosen nach der Mahlzeit bis zur Nacht zu nehmen und damit am andern Morgen aufzuhören. Zwei Tage nachher erklärte der Patient, daß es viel besser gehe, daß ihm aber der widerliche Geschmack des Heilmittels Übelkeit verursache; er nahm seitdem das Dextrin mit Zuckerwasser (er hätte es auch mit schwarzem Kaffee nehmen oder durch gute Bouillon ersetzen können). Vierzehn Tage nachher erfuhr SCHIFF, daß dieses Individuum vollständig wiederhergestellt war.

3) Bei einem jungen Mädchen von 13 Jahren, welches eben eine Bronchitis überstanden hatte und sich in der Rekonvaleszenz befand, verriet sich eine Magenstörung durch heftige Übelkeit nach jeder Mahlzeit. Die kleine Kranke wagte kaum zu essen, obwohl sie sich bei gutem Appetit befand, keine weiteren Störungen lagen von seiten des Verdauungstraktus vor. Eine einfache Abkochung von Brotkrume, welche sie vor der Mahlzeit nahm, besserte die Symptome vom ersten Tage an, und am vierten Tage war die Verdauung wieder normal.

4) In dem folgenden Falle handelt es sich um eine zu reichliche Sekretion von Magensäure. Ein kräftiger Mann, welcher angeblich noch niemals krank gewesen ist, war durch seine Beschäftigung als Geometer während des vorhergehenden Winters gezwungen, fünfzehn anstrengende Tagemärsche in einer bergigen Gegend zu machen, und hatte sehr viel von einem kalten Nordwinde zu leiden. Kurze Zeit darauf wurde er plötzlich von seinem Leiden befallen. Es war anfangs ein Gefühl von Brennen im Pharynx, bald von einem sauren Geschmack im Munde gefolgt; diese Symptome traten anfallsweise auf, besonders wenn der Kranke noch keine feste Nahrung zu sich genommen hatte. Dieses Übelbefinden dauerte nicht leicht weniger als eine Stunde an und kam mehrere Male des Tages zum Vorschein. Nach Verlauf von wenigen Tagen vermehrte sich das Gefühl des Brennens im Pharynx und zu ihm gesellte sich ein Gefühl von schmerzhafter Konstriktion der ganzen präkardialen Gegend. Die saure Flüssigkeit stieg bisweilen bis in den Mund und es erzeugten sich häufige Schluckbewegungen, welche dem Kranken Erleichterung verschafften. Der Appetit war verringert. — Die alkalischen und erdigen Heilmittel verminderten weder die Intensität noch die Frequenz der Anfälle. Nach Verlauf von zwei oder drei Monaten schien das Leiden nachzulassen, gegen Beginn des Sommers war es allmählich verschwunden; und der Patient glaubte sich geheilt. Im folgenden Winter war er gezwungen, seine Arbeiten bei kalter Witterung wieder aufzunehmen, und die Folge davon war, daß sein Übel stärker als jemals wieder zum Vorschein kam, er hatte bis zwölf Anfälle innerhalb 24 Stunden. Dieses Recidiv dauerte schon mehrere Wochen an, als der Kranke sich an Herrn SCHIFF

wandte. Dieser gab ihm zuerst ein Brechmittel; nachdem er ihn hatte Wasser trinken lassen, wurde dieses mit viel Schleim und Speichel erbrochen; die erbrochenen Substanzen röteten Lackmuspapier intensiv und enthielten ein wenig Phosphorsäure. Wurde die Flüssigkeit mit Eiweißwürfeln in den Brütofen gebracht, so verdaute sie fast nichts. Schiff dachte zuerst an einen Katarrh, aber der Versuch einer sehr mäßigen Lebensweise: Weißbrot, Bouillon und als Getränk Eiswasser, blieb gänzlich erfolglos, der Patient befand sich dabei schlechter. Schiff versuchte darauf den Überschuß von Magensäure zu neutralisieren, indem er soviel als möglich die Sekretion von Pepsin begünstigte. Zu diesem Zwecke riet er dem Kranken, immer wenn seine Pyrosis sich bemerkbar machte, ein Stück trockenes Brot von 50 bis 100 g zu essen und sich mit diesem Heilmittel für seine Arbeit im Gebirge und für die Nacht zu versehen. Diese Medikation war von Erfolg gekrönt. Die Anfälle wurden erträglicher und konnten oft unterdrückt werden. Der Kranke erhielt seine Kräfte wieder und auch der Appetit stellte sich wieder ein; doch war er nicht geheilt; denn er verspürte noch 8- oder 10mal die prodromalen Symptome der Pyrosis. Wenn er seit einigen Stunden kein Brot gegessen hatte, dann machte sich das Übel fühlbar. Mit Wiederbeginn des Sommers trat vollständige Wiederherstellung ein. Im dritten Winter erschien die Pyrosis wieder, aber sie hielt nur sechs Wochen an und belästigte den Kranken nicht viel; er verfuhr genau nach Schiff's Angabe und unterdrückte den beginnenden Anfall dadurch, daß er Brot aß.

Wenn in diesem Falle die Peptogene die Krankheit nicht heilten, so haben sie doch das schwerste der Symptome gebessert, indem sie die Wirkung der Magensäure einschränkten. Schiff bemerkt noch, daß er eine lange Liste von Beobachtungen besitze, in denen der Gebrauch der Bouillon, des Dextrins, des Brotdekokts etc. die gesunkene Verdauungskraft wieder gekräftigt hat. Die Peptogene wirken bei dem Menschen nicht anders als bei den Tieren.

Schiff empfiehlt sehr den versuchsweisen Gebrauch derselben in der Rekonvaleszenz von fieberhaften Krankheiten, nach deren Beendigung sehr oft ein dyspeptischer Zustand zurückbleibt, infolgedessen die Arbeit des Magens sich nicht mit der genügenden Energie vollzieht, um dem geschwächten Organismus den erforderlichen Überschuß an Assimilationsstoffen zu liefern.

Diesen Beispielen, welche ich absichtlich aus dem Werke Schiff's entnahm, damit ein jeder dort die Details nachlesen könne, könnte ich noch eine lange Reihe von nicht weniger bemerkenswerten Fällen hinzufügen, die teils von mir, teils von Kollegen beobachtet wurden, um die Wirksamkeit der Peptogene gewissenhaft und streng zu prüfen, wenn mir dieses nicht überflüssig erschiene. Nur einen Fall von Pyrosis will ich seines wissenschaftlichen Interesses wegen erwähnen; derselbe war durch ein Übermaß von Säure im Magensaft verursacht, er war demjenigen sehr analog, den ich vorher berichtete, er hat jedoch den Vorzug, eine Beobachtung zu sein, die an seiner eigenen Person von einem Arzt gemacht wurde, der keine Idee von der Wirksamkeit der Peptogene hatte und der von der Wirkung dieser Substanzen, welche er nur zufällig ver-

suchte, überrascht wurde; denn von den ersten Dosen Dextrin war die
Pyrosis verschwunden. Man ersieht aus diesen Fällen, wie falsch die
Vorstellung ist, daß das Dextrin die Verdauung begünstige, indem es
den Gehalt an Säure im Magensaft erhöhe.

II.

Besonders für die Kinder in den ersten Lebensmonaten hat der Gebrauch der Peptogene eine sehr große Bedeutung.

Man weiß, wie schlecht Kinder in sehr zartem Alter alle Nahrungsmittel mit Ausnahme der Milch vertragen, und selbst die Ziegen- und
Kuhmilch wird in einer sehr großen Anzahl von Fällen schlecht vertragen, obwohl sie doch das beste Surrogat der Frauenmilch ist. Da
diese halb künstliche Ernährung nicht gänzlich gelingt, da sie öfters
Indigestionen verursacht und das Kind sich schlecht ernährt, so ist man
im allgemeinen geneigt, die Ursache des Mißerfolges in der schlechten
Beschaffenheit der Milch zu suchen. Ich bin überzeugt, daß man in der
Mehrzahl der Fälle damit unrecht hat und daß die wirkliche Ursache
in einem veränderlichen Grad von Dyspepsie bei den Kindern zu suchen
ist. Viele ertragen selbst nicht die beste Kuhmilch, welche man auf-
zutreiben vermag; sie vertragen dieselbe aber ganz gut, sobald
man eine genügende Dosis Peptogene hinzufügt.

Ich könnte zahlreiche Beobachtungen anführen, die dieser Behauptung zur Stütze dienen, einzelne aus meiner eignen Erfahrung; ich werde
mich jedoch darauf beschränken, im allgemeinen mitzuteilen, dass man
die Milch nur mit einem Drittteil guter Fleischbouillon zu mengen braucht,
um sie selbst für den widerspenstigsten Kindermagen vollständig verdaulich zu machen. Man kann hierzu ein wenig in Bouillon aufgelöstes
Dextrin hinzufügen, das man mit Milch per os oder ohne Milch als
Klystier gibt, was jedoch nur für die hartnäckigsten Fälle erforderlich
ist. Bei Gelegenheit der wichtigen Diskussion über die Kuhmilch als
Ersatzmittel der Frauenmilch, welche im vierten zu Genf im September
1882 versammelten Hygiene-Kongreß stattfand, teilte ich, in dem Glauben
etwas Neues zur allgemeinen Kenntnis zu bringen, diese Thatsachen mit.
Ich war jedoch sehr erstaunt und sehr erfreut, als mir der Sektions-
Präsident, Herr Dr. DUVAL aus Genf erwiderte, daß er seit langen Jahren
in den fraglichen Fällen ein Gemenge von zwei Dritteilen Milch mit einem
Drittel Hühnerbouillon verordne und durch dieses so einfache Mittel
zahlreiche Heilungen erziele. Kalbs- oder Rindsbouillon würden ohne
jeden Zweifel dasselbe Resultat ergeben.

Die Wichtigkeit der Peptogene ist noch größer, wenn es sich um
eine wirkliche Erkrankung der Verdauungswege bei einem noch die Mutter-
brust erhaltenden Kinde handelt, besonders in den Fällen des akuten
Gastrointestinalkatarrhs. Dr. LEVIER aus Florenz citiert als Anmerkung
zu Seite 277 des zweiten Bandes des Werkes von SCHIFF folgenden Fall:

Bei einem Kinde von 4 Monaten, welches durch eine choleraartige
Diarrhöe in einem Zustande äußerster Entkräftung sich befand, dauerte
das Erbrechen hartnäckig fort; die gesaugte Milch wurde 10 oder 15
Minuten nach der Einführung fast unverändert erbrochen. Dr. LEVIER

verordnete kleine Klystiere aus konzentrierter Bouillon, die ungefähr 10 g Dextrin enthielten und dem Kinde eine halbe oder eine Stunde, bevor es die Brust bekam, beigebracht wurden. Nach den fünf ersten kleinen Klystieren wurde die Milch geronnen erbrochen, das Erbrechen minderte sich und hörte am fünften Tage auf; in zwanzig Tagen war der Ernährungszustand des Kindes wieder ein normaler. Ich selbst erlebte einen Fall dieser Art vor schon langer Zeit in meiner Familie; in anbetracht der Wichtigkeit des Gegenstandes und der Nützlichkeit desselben für jedermann will ich ihn mit allen seinen Details mitteilen.

Fünfzehn oder zwanzig Tage nach der Geburt des betreffenden Kindes mußte ich das Stillen durch Kuhmilch unterstützen, später mußte anstatt der Brust die Saugflasche mit zwei Dritteilen Milch und einem Drittel Zuckerwasser ausschließlich gereicht werden. Das Kind wurde unruhig, zeigte sich niemals gesättigt, schrie unaufhörlich, wurde von Zeit zu Zeit bleich, dann bekamen sein Gesicht und seine Extremitäten eine violette Farbe, es fing nach der Mahlzeit zu brechen an, das Erbrechen wurde immer häufiger und erfolgte mit solcher Gewalt, daß der Mageninhalt auf ein Meter Entfernung fortgeschleudert wurde. Hierzu gesellte sich eine sehr häufige Diarrhöe, in den Entleerungen befand sich eine beträchtliche Menge geronnener Milch, die Abmagerung machte reißende Fortschritte, die Cyanose nahm zu und von Zeit zu Zeit zeigten sich lokale Konvulsionen. Einer der hervorragendsten Praktiker von Florenz, Dr. ALMANZI, welcher zufällig während einer Krise konsultiert wurde, riet heiße Weinkompressen anzuwenden, dem Kinde ein wenig Wein zu geben und ihm einige Bouillonklystiere beizubringen. Diese passenden und verständigen Ratschläge wurden nicht mit aller Strenge und mit der ganzen erforderlichen Beharrlichkeit befolgt, es wurden nur heiße Weinumschläge und später Sinapismen angewendet, welche für den Augenblick die Krampferscheinungen beschwichtigten. Die Haut nahm wieder eine mehr normale Farbe an, die Konvulsionen traten nur noch in selteneren Zwischenräumen auf, und zwar nur dann, wenn das Kind die Milch genommen hatte und wenn Aufstoßen und Erbrechen im Anzuge waren. Einige Tage vergingen, ohne daß die gastrische Störung merkliche Fortschritte gemacht hatte; ein von Professor SCHIFF angeordnetes Dextrinklystier, welches der kleine Patient gut bei sich behielt, hatte augenblicklich die Diarrhöe aufgehoben und hatte eine vollständig normale Entleerung zur Folge. Unter diesen Umständen hoffte man, daß die Milch einer Amme die Heilung zu einer vollständigen machen würde. Am ersten Tage nahm das verhungerte Kind auch wirklich gierig die Brust, doch es vermochte das Saugen nicht fortzusetzen, weil ein Nasenkatarrh ihm die Nasenlöcher verstopfte, so daß es, während es saugte, am Atmen behindert war. Herr Dr. LEVIER, welcher mit der Fortsetzung der von Herrn Professor Dr. SCHIFF begonnenen Kur an diesem Tage (24. Juni) beauftragt war, begann in die Nasenlöcher des Kindes einen kräftigen Strahl von lauem Wasser zu injizieren; das hierauf folgende Niesen machte die Nasenlöcher frei und das Kind konnte wieder die Brust nehmen. Alle drei Stunden gab man ein Klystier von gewöhnlicher Bouillon und Dextrin. Die Untersuchung des Thorax ergab nichts Abnormes von seiten des Herzens, welches zur

4

Erklärung der Cyanose hätte dienen können. Das Atmungsgeräusch war
in beiden Lungen normal. Das Abdomen, mäßig ausgedehnt, konnte tief
palpiert werden, ohne daß das Kind Schmerzenszeichen von sich gab,
die abdominalen Hautvenen waren nicht dilatiert und die Gekrösdrüsen,
soweit man es mit Hilfe der Palpation beurteilen konnte, nicht ge-
schwellt. Der kleine und leicht unterdrückbare Puls schwankte zwischen
120 und 136 Schlägen, während die Hauttemperatur eher subnormal
war. Die Abmagerung war eine extreme. Am folgenden Tage, den
25. Juni, stellten sich die Krampferscheinungen, die Diarrhöe und das Erbrechen mit erhöhter Intensität wieder ein, und man erkannte leicht, daß der
Strabismus und die unfreiwilligen Bewegungen der Zunge immer auftraten,
wenn das Kind einige Augenblicke an der Brust gelegen hatte. Der
größte Teil der Klystiere wurde sofort wieder entleert. Das Kind war
äußerst schwach, es nahm mit geringerer Gierigkeit die Brust, und nach
einigen Saugversuchen verfiel es in eine Art von komatösen Zustand.
Eilig am 26. Juni 6 Uhr morgens hinzugerufen (sagt Dr. LEVIER[1]) fand
ich das Kind in einem Zustande, der sich nur durch die Abwesenheit
des Trachealrasselns von der Agonie unterschied. Die Extremitäten und
die Nase waren kalt, der Radialpuls unfühlbar, das Gesicht eingefallen
und livid, die Arme und die Beine fielen, wenn sie mit der Hand hoch-
gehoben wurden, wie tote Massen nieder. Die Respiration, obwohl oberflächlich, war dennoch immer regelmäßig. Einige Löffel feurigen Weines,
welche zur Hälfte mit Wasser verdünnt wurden, konnten von dem Kinde
verschluckt werden. Man legte Sinapismen um seinen Körper und wickelte
die Extremitäten in heiße Tücher; bald begann die Radialis wieder zu
schlagen, nach einer halben Stunde waren die Glieder wieder genügend
erwärmt und der kleine Patient begann zu schreien und unter der Wirkung der Sinapismen zu strampeln. Nachdem die erste Gefahr beseitigt
war, mußte man, während mit der Anwendung der Analeptika immer
fortgefahren wurde, das Kind energisch zu ernähren suchen, und dieses
mußte ohne Darreichung von Milch geschehen, da man daran nicht mehr
zweifeln konnte, daß diese Flüssigkeit nach erfolgter Koagulation den
Darm wie ein toter Körper passierte und daß ihre Einführung regelmäßig Brechneigung und konvulsivische Zufälle hervorrief. Schon am
vorhergehenden Abend hatte ich angeordnet, daß ein mit zuschraubbarem Deckel versehener Fleischtopf bereit gehalten werde, um im Falle
des Bedürfnisses schnell eine sehr konzentrierte Bouillon zu bereiten.
Ich ließ in diesen Fleischtopf ein Kilogramm in Stücke geschnittenes
Rindfleisch und ein ganzes Huhn hineinlegen, dazu wurde $1\frac{1}{2}$ l kaltes
Wasser gegossen, das Gefäß wurde geschlossen und ans Feuer gesetzt.
Nach zwei und einhalbstündigem Kochen hatte man schon eine schmack-
hafte Bouillon, die man dem Kinde zuerst mit Wein gemischt, darauf
ungemischt in einer Quantität von 30 bis 50 gr stündlich einflößte.
Dieselbe Menge Bouillon mit soviel Dextrin, als darin lösbar war, wurde
als Klystier ebenfalls stündlich verabfolgt. Die Klystiere wurden lauwarm
und mit vieler Vorsicht beigebracht und so oft wiederholt, bis sie

---

[1] Valore terapeutico del brodo. Imparziale, Florenz, 16. September 1869.

zurückbehalten wurden. Das Erbrechen hatte gänzlich aufgehört, aber das Kind machte sehr häufig Versuche zu schluchzen. Entleerungen mit gleichzeitiger Austreibung von Gasen erfolgten, wenn auch wenig abundant, stündlich. Da das Kind Milch nicht mehr nahm, so war es interessant, festzustellen, während wie langer Zeit in den Entleerungen die weißlichen Kaseinflöckchen sich zeigen würden. Ungefähr um Mittag, also zehn Stunden nach dem letzten Milchgenuß, hörten die Entleerungen auf, Spuren davon zu enthalten. Sie bestanden damals aus halbflüssigen, klebrigen, durch Galle stark grüngelblich gefärbten Massen und enthielten keine schleimigen Bestandteile mehr. Um zehn Uhr morgens fingen die Extremitäten wieder zu erkalten an, ich ließ daher das Kind in ein heißes Bad von 30° R tauchen. Das erste Untertauchen veranlaßte heftiges Schreien, und drei Minuten nachher kam ein äußerst starker Strabismus convergens hinzu, so daß ich mich entschloß, das Bad zu beenden. Nachdem diese kleine Krise vorübergegangen war, machte die Aufbesserung des allgemeinen Zustandes rasche Fortschritte, und um 3 Uhr nachmittags hatten sich die Kräfte des kleinen Patienten so sichtlich gehoben, sein Gesicht und die Hautfarbe waren so günstig verändert, daß die Eltern mit Beharrlichkeit darauf bestanden, das Kind, wenn auch nur des Versuchs halber, an die Brust zu legen. Es wurde versucht, aber mit einem ungünstigen Resultat. Die Milch wurde fast gänzlich erbrochen, die Krampferscheinungen traten wieder auf und nach ungefähr einer Stunde verfiel das Kind wieder in einen Schlummer, wie es schon mehrere Male am vorhergehenden Tage geschehen war. Man mußte wiederum zu Belebungsmitteln seine Zuflucht nehmen. — Es war offenbar, daß trotz der deutlichen Wiederkehr der Kräfte die Magenverdauung noch nicht in Ordnung war und daß die Bouillon und das Dextrin bisher nur wie Nährmittel gewirkt hatten, ohne Pepsin im Magen zu erzeugen. Das Ergebnis des gegen meinen Willen unternommenen Versuches gab mir das Recht, eine Wiederholung zu verbieten, trotz des Mißtrauens der Frauen, welche sich in meiner Umgebung befanden, zu der konzentrierten Bouillon, welche sie wie viele Leute als eine ›erhitzende‹ Substanz betrachteten. Ich beaufsichtigte alsdann selbst drei Tage und drei Nächte die künstliche Ernährung des Kindes, welche stündlich in der vorher beschriebenen Weise mit Ausschluß jedes anderen Nährstoffes bis zum Abend des 29. Juni fortgesetzt wurde. Während dieser ganzen Zeit erlitt die fortschreitende Rekonvaleszenz keine Störung, die Stuhlentleerungen, welche sich schon im Laufe des 27. bis auf die Hälfte vermindert hatten, erreichten an den zwei folgenden Tagen nur die Anzahl von acht. Der Meteorismus verschwand ohne jede Medikation, das Erbrechen trat nicht mehr ein; schon während der Nacht vom 27. zum 28. war der Schlaf wieder normal geworden; um ihn nicht zu unterbrechen, mußte man das Kind bis drei Stunden hintereinander ohne Nahrung lassen. Das erwähnenswerteste Moment von allem diesem ist die deutliche und sich steigernde Zunahme der Ernährung während der relativ sehr kurzen Zeit der künstlichen Nahrungszufuhr. Dr. LEVIER bedauert alsdann, daß er nicht das Kind täglich wiegen konnte, um eine genaue Vorstellung von seiner Zunahme zu erhalten.

Die Genauigkeit ist gewiß niemals zu viel in einem ähnlichen Falle, doch
das Wiederingangkommen der Ernährung war so sichtbar, daß man davon absehen konnte, und mir erscheint die Zeit, während welcher die
künstliche Nahrungszufuhr stattfand, relativ sehr lange, weil es sich eben
um ein Kind handelte, das infolge von Inanition im Sterben lag. Es
starb nicht und erhielt auch seine normale Färbung wieder, viele Falten
verschwanden durch Körperzunahme, die Körperformen rundeten sich ab;
in summa kann man sagen, daß das Kind, welches am Morgen des 26.
ein kleiner entkräfteter Kadaver war, am Abend des 29., mithin nach
drei und einhalbtägiger ausschließlicher Ernährung mit Bouillon, vom
sichern Tode gerettet war, gierig sog und von diesem Zeitpunkt an
sich sehr schnell erholte. Von dem Augenblick an, wo es wieder die
Kraft hatte zu saugen und die gesogene Milch zu verdauen, weigerte es
sich entschieden Bouillon zu nehmen. Man setzte dennoch den Gebrauch
dextrinhaltiger Bouillonklystiere während einiger Zeit fort und in der
Folgezeit wurden sie nur dann gebraucht, wenn die Entleerungen ein
verdächtiges Aussehen annahmen. Ich empfehle allen dieses ebenso einfache und unschädliche als wirksame Mittel. Die richtig zubereitete
Fleischbouillon enthält nicht weniger Albuminoide als die Frauenmilch,
und wenn man es will, selbst mehr. Sie hat aber vor der Milch den
sehr großen Vorzug, daß ein Teil dieser Substanzen sich in ihr schon
als Peptone vorfinden (CORVISART's »albuminose de cuisson«) und somit
direkt ohne jede Verdauung assimiliert werden. In meinem Falle
diente die Bouillon gleichzeitig als Assimilations- (Nähr-) Substanz,
Peptogen und Nahrungsmittel. Sie ist in allen Fällen von hohem Werte,
weil die eine oder die andere ihrer Eigenschaften dem Organismus immer zum Nutzen gereicht. — Das Dextrin hat dabei auch seine hohe
Bedeutung; denn man darf nicht vergessen, daß es im Vergleich zur
Stärke dieselbe Rolle spielt wie die Peptone im Vergleich zu den Eiweißkörpern, es ist wie der Traubenzucker ein direkt ohne jede Verdauung assimilierbares Nahrungsmittel, hat aber außerdem vor dem Traubenzucker noch den Vorzug, zu gleicher Zeit ein vortreffliches Peptogen zu sein;
es nährt mithin ebenso wie die Fleischbouillon und begünstigt die
Produktion des Pepsins — vorausgesetzt, daß die Krankheit nicht
eine derjenigen ist, welche die Bildung der peptonisierenden Fermente
oder Profermente gänzlich aufheben und verhindern.

III.

Wir haben jetzt noch einige Worte über eine sehr wichtige und
im allgemeinen sehr falsch verstandene Frage zu sagen; es ist dieses
die Krankenernährung. In den zwei vorhergehenden Paragraphen haben
wir von denjenigen Fällen gesprochen, in welchen der gesunde Mensch
sich augenblicklich in einen vorübergehenden Zustand von Apepsie versetzt
infolge des fast gänzlichen, rapiden Verbrauches des disponibeln Magenfermentes und des momentanen Fehlens von Peptogenen in seinem Magen.
Darauf haben wir von denjenigen Fällen gesprochen, in denen der Mensch
sich in einem anhaltenden Zustande von Dyspepsie befindet, wahrscheinlich infolge der ungenügenden Produktion des Propepsins in seinen Magen-

drüsen und eines geeigneten oder in genügender Menge vorhandenen
Peptogens. Endlich sprachen wir von denjenigen Krankheiten der kleinen Kinder, bei denen eine besondere Affektion der Verdauungswege die
Pepsindrüsen für einige Zeit unfähig macht, das Proferment zu bilden;
in diesen letzteren Fällen können die Peptogene offenbar ihren gewohnten Einfluß nicht geltend machen, wenn dieser wirklich und ausschließlich darin besteht, die Umbildung des Propepsins in definitives Pepsin
auf eine unbekannte Weise zu begünstigen. Alle diese Fälle bestärken
mich übrigens, wie ich en passant bemerken will, in der Ansicht, daß
die Bedeutung dieser Substanzen eine weniger begrenzte ist, als wir es
annahmen, und daß sie vielleicht doch irgendwie zu der Produktion des
Profermentes selbst beitragen. Es gibt nun eine Menge anderer pathologischer Fälle, in allen fieberhaften Krankheiten, und während der gesamten
Dauer des Fiebers, wo die Drüsenzellen der Magenschleimhaut gänzlich die
Fähigkeit, Propepsin zu erzeugen, eingebüßt haben, und die Drüsenzellen
des Pankreas außer stande sind, Protrypsin zu produzieren. -- In diesen
Fällen ist die Verdauung der Eiweißstoffe aufgehoben und die Peptogene
sind als solche unwirksam, wie groß auch ihr Nutzen als Nährsubstanzen
sein mag; unter diesen Umständen entsteht die Frage, wie die Kranken
zu ernähren seien.

Seitdem man nicht mehr »die Krankheit zu nähren« fürchtet durch
die Ernährung des Kranken, herrscht in dem Punkte genügende Übereinstimmung, daß es nur von Nutzen sei, dem in Geleite der fieberhaften Krankheiten auftretenden gesteigerten Stoffverbrauch nicht die
Inanition hinzuzufügen, oder mit andern Worten, man ist über die Nützlichkeit, die Kranken zu ernähren, nur einer Ansicht. Aber wie das
zustande bringen? Darin liegt die große Schwierigkeit. Man getraut
sich im allgemeinen, nur den Kranken die leichtesten Nahrungsstoffe zu
reichen, d. h. die am leichtesten verdaulichen. Aber welches ist das
am leichtesten verdauliche Nahrungsmittel, wenn jedwede Verdauung aufgehört hat? Das heißt ja soviel, als wenn man fragen würde, welches
ist unter den in einer gegebenen Flüssigkeit unlöslichen Salzen das in
ihr am leichtesten lösliche? Oder wenn wir uns genauer an unsere
Frage halten, welche ist unter den Eiweißsubstanzen am besten verdaulich in einer Flüssigkeit, die Eiweißstoffe nicht verdaut? Das
kann sonderbar erscheinen, aber es ist so; es handelt sich besonders
um die Eiweißstoffe, weil sie die einzigen Substanzen sind, welche dem
Organismus den erforderlichen Stickstoff liefern. Auch kommt hinzu,
daß Speichel und Pankreassaft die Fähigkeit, Stärke in Zucker umzu-
wandeln, und Pankreassaft und Galle das Vermögen, zu emulgieren, wodurch allein die Verdauung und Absorption von Stärke und Fett möglich wird, niemals gänzlich einbüßen, wie dieses hinsichtlich der peptonisierenden Kraft des Magen- und Pankreassaftes der Fall ist. Es ist
mithin klar, daß, solange dieses Unvermögen andauert, sämtliche
Eiweißstoffe absolut nicht peptonisiert werden, und daß fast die Gesamtheit ihrer Masse einfach eine nutzlose, ja wahrscheinlich schädliche Last
bildet. Nutzlos in erster Linie deshalb, weil, selbst wenn sie in
flüssigem Zustande eingeführt werden, wodurch sie wenigstens absorbier-

bar würden, sie dennoch nichts zur Ernährung beitragen können, da sie, um assimilierbar zu werden, peptonisiert werden müssen. Man weiß, daß das in die Venen eines Tieres injizierte primitive Albumen bald wieder durch den Urin eliminiert wird, während eine mäßige Dosis Pepton assimiliert wird. In zweiter Linie nutzlos deshalb, weil man diese Stoffe in ihrer gebräuchlichen Form, als mehr oder weniger gekochtes oder rohes Fleisch, mithin in mehr oder weniger fester Form einführt, wodurch die Absorption gehindert wird. Die Fleischfaser kann besonders in rohem Zustande zweifellos durch den verlängerten Aufenthalt in einem feuchten und lauwarmen Menstruum erweicht und unter dem Einfluß desselben Menstruums, sofern es sauer ist, aufgelockert werden, aber dieses findet in der Mehrzahl der Fälle, um die es sich hier handelt, nicht statt, und es genügt nicht einmal, um sie nur zur Absorption geeignet zu machen. S c h ä d l i c h zuerst deswegen, weil es ein Nachteil ist, rohe Stoffe im Verdauungstraktus angehäuft zu haben, zumal wenn es sich um eine Erkrankung dieses Traktus (z. B. im Typhus) handelt, und dann deswegen, weil die Eiweißkörper im besonderen gefährlich sind wegen der putriden Zersetzung, welcher sie notwendigerweise früh oder spät anheimfallen, besonders da die Umstände, unter denen sie sich in einem pepsinfreien und im allgemeinen säurefreien Magen oder Intestinum befinden, dieser Zersetzung im äußersten Maße Vorschub leisten.

Ich bin mithin überzeugt, daß alle Ernährungsversuche der Kranken, welche unaufhörlich von den Ärzten gemacht werden, zum mindesten nutzlos sind, und daß sie in einigen Fällen Nachteile und selbst beklagenswerte Folgen haben können. Doch die Notwendigkeit die Kranken zu ernähren ist gebieterisch, das Ganze besteht darin, es so rationell auszuführen, als es der gegenwärtige Zustand unserer physiologischen und chemischen Kenntnisse hinsichtlich der Verdauung uns möglich macht.

In chemischer Hinsicht wissen wir, daß für die Verdauung irgend einer festen oder flüssigen Eiweißsubstanz (wie rohes Eiweiß) drei Faktoren vorhanden sein müssen, auch ist deren Zusammenwirken eine absolute Bedingung dieser Verdauung; wenn daher einer dieser Faktoren fehlt, dann vollzieht sich die Verdauung nicht. Diese drei Faktoren sind: das Wasser, eine Säure (im allgemeinen H Cl) und das peptonisierende Ferment (das Pepsin). Die Verdauung ist in einem Magen, in dem eines von ihnen mangelt, unmöglich. Das Wasser fehlt ohne Zweifel niemals gänzlich, aber oft ist es in ungenügender Menge vorhanden; dies ist der geringste Übelstand, denn es ist immer sehr leicht, eine sozusagen unbegrenzte Menge davon einzuführen, indem man einfach dem Kranken gestattet, oft und viel zu trinken, was niemals Schaden anrichten kann. Die Säure fehlt oft und bisweilen gänzlich; in diesem Falle ist die Verdauung, selbst wenn Pepsin vorhanden sein würde, unmöglich; glücklicher Weise kann die Säure mit derselben Leichtigkeit als das Wasser in den Magen eingeführt werden. Die Kranken bevorzugen selbst die säuerlichen Getränke — sie sind angenehmer und löschen besser den Durst — welche Säure man auch gebrauchen mag. Die Natur der Säure ist in Hinsicht auf die Verdauung fast gleichgültig, es bringt mithin keinen Nachteil, wenn man die Salzsäure bevorzugt, da sie diejenige ist, welche sich gewöhnlich im Magensaft vorfindet, und man ganz einfach anstatt des reinen Wassers die Salzsäure-Limonade — $1^{1}/_{2}$—2 Säure pro mille enthaltendes Wasser — als ständiges Getränk den Kranken reicht. Auf diese Weise ist man sicher, daß in jedem Falle und stets eine Dosis Säure vorhanden ist, welche zur schnellsten und vollständigsten Ausnutzung des vorhandenen Pepsins und der eingeführten Albuminate hinreicht; diese letzteren werden durch die Säure erweicht, aufgelockert und syntoninisiert, d. h. sie werden leicht zugänglich gemacht für die geringsten Pepsinspuren, welche sich noch in dem von der Magenschleimhaut secernierten Saft vorfinden können.

Alles dieses ist gut, solange es nur Wasser und Säure sind, die mangeln, und so lange als man annehmen kann, daß noch, oder von neuem eine wenn auch beschränkte Pepsinproduktion stattfindet, wie das im Beginne der Krankheit der Fall ist, wo das Fieber noch unbedeutend ist, oder im Endstadium, wenn das Fieber merklich an Intensität verloren hat und die Pepsinproduktion vielleicht wieder in Gang gekommen ist. In diesen beiden Fällen kann man hoffen eine wenn auch noch so schwache Peptonisation wenigstens eines Teiles der eingeführten Albuminate zu erhalten, und hier allerdings ist die Wahl des Nahrungsmittels in der That von großer Wichtigkeit. Man wird natürlich diejenigen Fleischsorten aussuchen, welche erfahrungsgemäß die am leichtesten verdaulichen sind, man wird sie nicht gekocht verabreichen, wodurch sie viel widerstandsfähiger werden, sondern gebraten und halb roh oder gar ganz roh. Die rohe Muskelfaser verhält sich sauren und peptischen Flüssigkeiten gegenüber auf ähnliche Weise wie das Blutfibrin; sie lockert sich schnell und beträchtlich auf und peptonisiert sich verhältnismäßig mit großer Schnelligkeit — weniger schnell jedoch als das Fibrin. Auch würde ich keinen Anstand nehmen, ein wie ich glaube wenig gebrauchtes Nahrungsmittel, wenn es überhaupt jemals angewandt worden ist, zu verabreichen, zumal da sich dessen Gebrauch der Theorie nach von selbst empfiehlt und da seine Güte sich auch praktisch in einigen Fällen von hartnäckiger Dyspepsie, in welchen ich es verwendete, bewährt hat. Man weiß, daß das durch H Cl aufgelockerte Blutfibrin in einigen Augenblicken bis zu dem Grade durch die geringsten Pepsinspuren verdaut wird, daß Brücke geglaubt hatte, es könne eine unendlich kleine Menge Pepsin eine unendlich große Menge Fibrin peptonisieren; das ist natürlich ein Irrtum, es gibt vielmehr eine Grenze, welche nicht überschritten werden kann; fest steht aber, daß keine bekannte Substanz sich ebenso schnell und ebenso leicht peptonisiert. Es besteht auch keine Kontraindikation, welche es verbietet, den Kranken in Salzsäure aufgelockertes Rinderblutfibrin, welches man sich überall und zu jeder Zeit verschaffen kann, zu verabreichen. Man muß es jedoch gehörig zubereiten, besonders muß es von dem vorhandenen Hämoglobin befreit werden; denn es ist merkwürdig, bis zu welchem Grade hämoglobinhaltige Fibrinflocken der Verdauung widerstehen. Das Verfahren ist übrigens sehr einfach: man erhält das Fibrin durch Peitschen des aus einem eben geschlachteten Rinde ausströmenden Blutes, und bekommt es

von den Schlächtern in Form dicker Flocken, welche eine schwammige,
durch Hämoglobin intensiv rot gefärbte Masse bilden. Man wäscht es,
indem man es in viel Wasser stark umrührt und knetet, das Wasser
muß zu wiederholten Malen erneuert werden. Das Fibrin wird sichtlich
blasser und nimmt schließlich eine mattweiße Färbung an, die kaum einen
leicht gelblichen oder rosafarbigen Schimmer erkennen läßt.

Man zerschneidet oder zerhackt es alsdann in ganz kleine Stücke
und bringt das Ganze, nachdem es noch einmal abgespült und gut aus-
gedrückt worden ist, in $2-2^1/_2$ Salzsäure pro mille enthaltendes Wasser;
es lockert sich sichtlich auf und wandelt sich in eine durchscheinende
Gallerte um. Diese Gallerte läßt man den Kranken in kleinen Quantitäten, aber oft nehmen: zwei oder drei Löffel voll stündlich oder zwei-
stündlich. Man nützt so auf die schnellste und wirksamste Weise das
ganze Pepsin aus, welches der Magen des Kranken liefert.

Es ist aber klar, daß selbst das aufgelockerte Fibrin, welches in
vielen Hinsichten das Ideal eines eiweißhaltigen Nahrungsmittels ist, absolut nutzlos wird, wenn das Pepsin im Magensaft gänzlich fehlt. Was
ist dann zu thun? Dann ist nichts einfacher, als daß man entweder mit
der salzsauren Limonade oder mit dem Fibrin oder Fleisch kleine Dosen
Pepsin reicht, und zwar gutes Pepsin, wie man es jetzt fast in allen
Apotheken vorfindet. Dieses Pepsin ist ohne Zweifel ein variabeles Produkt,
dessen verdauende Kraft man nur durch für jeden einzelnen Fall ange-
stellte Versuche fesstellen kann; doch ein derartiges Verfahren ist nur
für den Apotheker, welcher den Handelswert seines Produkts kennen will,
erforderlich, oder für den Chemiker, der den wissenschaftlichen Wert
feststellen will; für den Arzt am Krankenbett ist es von keiner großen
Bedeutung, vorausgesetzt, daß der zehnte Teil des gereichten Pulvers
Pepsin ist und der Rest Stärke oder Dextrin. Es hat dieses Mischungs-
verhältnis keine Nachteile und ist ganz richtig; denn man kann sicher
sein, daß die Anwesenheit einer gewissen Quantität Dextrin in allen den
Fällen, um welche es sich hier handelt, Nutzen bringt, weil das Dextrin
erstens ein vorzügliches Nahrungsmittel aus der Gruppe der Kohlenhydrate ist, das ohne jede weitere Verdauung assimiliert wird, und zweitens weil es zu gleicher Zeit auch ein vortreffliches Peptogen ist; es
verdient in dieser Hinsicht den Vorzug vor dem Traubenzucker, welcher
kein Peptogen ist; es kann in keinem Falle eine nachteilige Wirkung
haben und wird immer, wenn die Pepsinproduktion überhaupt noch möglich ist, dieselbe als Peptogen begünstigen.

Übrigens hat man jetzt Pepsinweine von sehr guter Qualität, und
da man in infektiösen Fiebern, im Typhus z. B., oft feurige Weine —
Marsala, Madeira, Malaga — reicht, so steht auch dem nichts im
Wege, dieselben Weine mit einem Gehalt von aufgelöstem Pepsin zu geben.

Dem Leser drängt sich gewiß unwillkürlich die Frage auf, warum
man in diesen Fällen nicht ganz einfach Peptone gibt? Das würde in
der That das beste sein, wenn man sicher wäre, wirklich immer reine
und gute Peptone zur Verfügung zu haben, was unglücklicherweise nicht
der Fall ist, und wenn ferner alle jetzt käuflichen Peptonpräparate von
einem leicht bittern und an Leim erinnernden Nachgeschmack frei wären,

wegen dessen viele Kranke bald sie zu nehmen sich weigern. Für diejenigen, welche in dieser Hinsicht weniger empfindlich sind, ist es gewiß das beste, und ich habe sehr günstige Resultate gesehen, wenn z. B. anstatt des reinen Marsala eine Auflösung von 20 bis 30 g Pepton in einer Flasche Wein gegeben wurde.

Aber man kann im Notfalle auf die Peptone verzichten und sie durch frisch bereitete Fleischbouillon ersetzen, welche die Kranken immer sehr gern nehmen. Nur muß sie alsdann mit mehr Sorgfalt und Übung zubereitet werden, damit sie eine genügende Dosis von Eiweißstoffen enthält und damit diese letzteren soviel als möglich durch ein verlängertes Kochen unter erhöhtem Druck peptonisiert werden. Man muß sich zu diesem Zwecke eines PAPIN'schen Topfes mit zuschraubbarem Deckel und Sicherheitsventil bedienen. Man muß ganz frisches Fleisch nehmen, aber es muß die Totenstarre überstanden haben und saure Reaktion besitzen; denn nur unter diesen Umständen wird ein Teil der Albuminate, welche sonst bei der Temperatur des kochenden Wassers koagulieren würden, in Lösung bleiben, infolge der Einwirkung der Fleischmilchsäure, welche ihre Koagulationsfähigkeit aufhebt. Man muß das Fleisch in kleine Stücke zerschneiden, in kaltes Wasser bringen (ein Liter für das Kilo) und es sehr allmählich erhitzen; sobald es zu kochen anfängt, muß man es sehr lange Zeit, mehrere Stunden in dem kochenden Wasser liegen lassen. Wünscht man eine Bouillon, die schon viel besser ist als die gewöhnlich zubereitete, dann fügt man von Zeit zu Zeit wieder Wasser hinzu, da dieses durch Verdampfung sich vermindert; wünscht man aber ein noch mehr nährendes Produkt, dann muß das Nachgießen von Wasser unterbleiben, man erhält alsdann ein Getränk, welches den sehr angenehmen Geruch und Geschmack frischer Bouillon hat und keinen Widerwillen erzeugt, den die meisten Kranken für die käuflichen Peptone empfinden.

Ich würde mithin die Ernährung fiebernder Kranken auf folgende Weise regeln.

Säuerliche Getränke im Überschuß (vorzugsweise die Salzsäurelimonade) während der ganzen Dauer der Krankheit.

In gleicher Weise während des ganzen Krankheitsverlaufes gute Fleischbouillon, die frisch zubereitet und mehr oder weniger konzentriert sein muß, je nachdem es mehr oder weniger Not thut, die Ernährung des Kranken zu unterstützen.

Im Beginn des Fiebers leichte Nahrungsmittel, die leicht verdaulich sind und so wenig als möglich unverdaulichen Rückstand hinterlassen. Die Hinzufügung von Traubenzucker oder besser noch von Dextrin zur Limonade oder zur Bouillon macht jedes andere stärkehaltige Nahrungsmittel überflüssig; denn es sind dieses zwei direkt assimilierbare Kohlenhydrate, während von Rohrzucker dieses nicht behauptet werden kann. Während der Fieberakme kleine, oft wiederholte Dosen Pepsin, in Pulver- oder Pillenform, oder in Limonade oder Wein aufgelöst. Öfters kleine Mengen gut gewaschenen, gehackten und in HCl aufgelockerten Fibrins; kleine Quantitäten Pepton und Dextrin in Limonade, Wein oder Bouillon aufgelöst; endlich sehr vorsichtig sehr kleine Mengen von rohem oder schwach gebratenem Fleisch. Der geeignete Zeitpunkt für die Erhöhung des Fleischquantums fällt mit dem Eintritt der Deferveszenz zusammen und wird durch ein besseres Aussehen der Zunge und durch das Wiedererscheinen des Appetits angezeigt; zu dieser Zeit beginnt wahrscheinlich wieder die Produktion von Propepsin in den Drüsen der Magenschleimhaut.

Vor vielen Jahren sprach sich einer der bedeutendsten Physiologen Deutschlands folgendermaßen über die Schiff'schen Untersuchungen aus: »Schiff teilt eine Reihe von Thatsachen mit, welche so merkwürdig »sind, daß sie — wofern sie sich bestätigen sollten — den bedeutendsten »Entdeckungen in der Verdauungslehre beigezählt werden müßten.« — »Die Sätze Schiff's sind in merkwürdiger Übereinstimmung mit manchen »diätetischen Gewohnheiten, denen man nach dem Prinzipe der natür-»lichen Züchtung füglich eine tiefere Bedeutung zuschreiben darf.« — »Es liegt ferner auf der Hand, daß die Lehre Schiff's für die Auf-»fassung pathologischer Vorgänge sowie für das therapeutische Handeln »von größter Tragweite sein müßten.«

Wenige prophetische Aussprüche haben sich so vollkommen und so glänzend bewährt.

www.ingramcontent.com/pod-product-compliance
Lightning Source LLC
Chambersburg PA
CBHW022009190326
41519CB00010B/1451